上篇 卫星

序 章

人造卫星的启程之路

"卫星"一词想必大家并不陌生，在天文学中，它是指围绕一颗行星按照闭合轨道做周期性运行的天然天体。在天然卫星中，我们最熟悉的就是李白诗中"举头望明月，低头思故乡"的"明月"——月球。

当"卫星"一词被加上了"人造"这个前缀，它就成了与现代生活息息相关的好伙伴。人造卫星是由人类研发制作的，通过火箭、航天飞机等发射到太空中的无人航天器。与天然卫星相同，它们也依循天体力学的规律，沿着特定的轨道环绕地球或其他行星飞行。

人造卫星作为人类科学研究的主要帮手，是人类发射数量最多、用途最广、发展最快的航天器。它的发射数量约占航天器发射总数的90%以上。每一颗卫星都肩负着帮助人类走向太空、探索宇宙奥秘的重担。

在东方红一号悠扬的歌声中，中国的人造卫星事业拉开了历史的大幕，经历了自主研制与国际合作，积累了丰富的经验和技术储备，不断前进，触及新的远方。东方红二号甲的成功，标志着我国的通信卫星登上太空舞台。我国卫星事业的发展如疾风迅雷，一路飞驰，很快就推出了风云二号。它是中国第一代地球静止轨道气象卫星，装载的多通道扫描辐射计及数据收集转发系统能实时获取可见光云图、红外云图和水汽分布图。它还能收集气象、海洋、水文等部门数据，提供气象预报和灾害预警服务，帮助人们及时了解天气情况，做好防灾减灾工作。紧随其后的是资源一号卫星，已经可以在太空获取大量地球数据和卫星图片，在农林、海洋、环保、国土资源、城市规划等方面发挥了重要作用。中国卫星一步步升级，卫星应用的领域也不断拓展，涉及通信、气象、资源探测、科学研究等多个领域。它们不仅提高了国家的信息传输能力、交通运输效率和安全性，还为科学研究和技术创新提供了重要的技术支持。它们像永久璀璨的北斗七星指引人们走出迷航，也用云图和数据成像帮人们预知每一个明天。实验卫星像踩着电波的孙悟空七十二变，航天梦像乘着频段的飞天曼舞翩翩。中国卫星终将飞向深空的更深处，而我们也将抵达另一个家园，仰望另一片天空。

第一章

「通天盖地」卫星路

——中国卫星事业的伟大征程

1964年，随着"651工程""331工程"的逐步推进，我国的航天事业得到了全面发展，从卫星、运载火箭、发射场，到测控、地面通信站，五大系统的建设全面起步。

　　地球同步轨道通信卫星要飞到3.6万千米高度的赤道上空，这对四十多年前的中国航天人来说，是一场从未有过的冒险，更是一项前所未有的挑战。李白诗云："长风破浪会有时，直挂云帆济沧海。"不屈不挠是中华民族的传统优良品质，每位航天人都知道卫星事业必然是一段漫长而充满坎坷的征程，但从来无人退缩！

第1节

中国卫星事业发展简史

1957年，人类第一颗人造卫星发射成功，从此人类便踏入了"太空时代"。

1958年，在中央批准研制人造卫星之初，中国科学院连一个像样的卫星研制场地都没有。中国科学院的领导经过几番商讨、多处调研，终于找到了一处闲置的场所——西苑操场甲1号。

中国的第一批卫星——"东方红"系列卫星的研究工作就在这处简陋又不起眼的地方启航了！

西苑操场甲1号

东方红一号卫星初期总体成员

西苑操场甲1号院中有一座三层灰砖小楼，总占地面积为两千多平方米，有80个房间。虽然简陋，但"麻雀虽小，五脏俱全"，为了使卫星研究工作顺利进行，"东方红"卫星项目组的工作人员陆续建设了十几间平房，作为行政办公室、加工车间、器材间、玻璃车间、仓库、车库等，还充分利用了原本的建筑设施，将其改造为环境模拟实验室。

由于当时的中国正处于社会主义发展初期，我们还没有足够的技术支持卫星研究，于是科学家们组成了代表团，人称"航天卫星十八勇士"，由"东方红"卫星研制团队前往当时具有卫星发射经验的国家访问、学习、考察，最终总结出两点方针：一是中国的空间技术要从小到大、由低到高，二是中国一定要走一条自力更生的航天之路。

在考察学习结束后，120多位专家再次召开"东方红一号"卫星方案论证协调会，明确卫星的未来发展方向，就发射人造卫星的任务、目的，进行了反复的研讨与论证。通过这次会议，我国初步确定了卫星的总体技术方案：中国第一颗人造卫星是一颗专为科学探测而研制的试验卫星，它的主要任务是积累中国航天对地观测、气象监控、通信广播等领域的经验，主要目的是为我国航天事业发展获取基本经验和可用数据。

方针既已明确，专家组的科学家们立刻行动了起来。"勤俭办科学"是我国当时的发展策略，加之已经确定了"自力更生"的方向，我们的卫星研究组既没有"请外援"，也没有购买昂贵的仪器，而是自己动手，从零开始。例如，科学家们亲手建造了煤气发生炉、吹玻璃、封接真空管，制作出了真空仪器。

你知道"航天卫星十八勇士"都有谁吗？

戚发轫、沈振金、韦德森、张福田、彭成荣、尹昌隆、朱福荣、孔祥才、王壮、杨长庚、王大礼、张荣远、刘泽光、郑忠琪、林殷定、鲁力、王一方、洪玉林共18位。

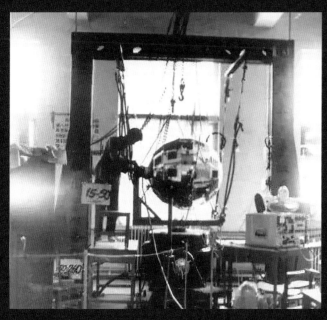

东方红一号的振动力学试验

国际宇航中国科学院院士、著名空间技术专家，也是当年"航天卫星十八勇士"之一的戚发轫回忆道："中国空间技术研究院刚刚成立，那时候条件还很差，为试验带来了许多意想不到的困难。例如，卫星天线在发射的时候是收起来的，到天上之后要靠旋转将天线甩出来，这就必须经过大量的地面模拟试验。没有场地，他们就去中国科学院力学所找到一个仓库来用。"

"天线试验很危险，有很大可能伤人。由于没有条件配置安全防护的设备，只能让年长者用仓库里的纸盒充当防护板，在缝隙中观察试验，而年轻人就爬到房梁上去看。"

——摘自中国文史出版社
《"神舟"首任总设计师讲述：中国航天的历程》

在这样艰苦的环境下，卫星小组进行了无数次试验，成功找到了关键环节，克服了一个又一个研究上的困难，如"做不出""上不去""听不见""看不到"等。后来的大量试验，诸如电离层与电子、光辐射、遥测、结构、雷达跟踪应答、环境试验、振动力学试验等，都是在这样简陋的环境下完成的。

从1958年卫星研制计划立项，到第一颗卫星发射升空，我国的卫星飞天计划经历了多次危机和暂停，然后又一次次重新被提上日程。

直到1970年，东方红一号人造地球卫星横空出世，在甘肃酒泉东风靶场发射成功，它播送着"东方红，太阳升"的嘹亮乐声，翱翔在地球大气层之外的近地轨道上，正式开创了中国航天史的新纪元。在这之后，我国在卫星领域大展宏图，逐步规划并发射了多种类型的卫星，服务于我国建设事业的方方面面。

　　1984年1月29日这一天，中国迎来了历史上第一颗通信卫星的试运行。长征三号运载火箭搭载着我国第一颗试验通信卫星进入太空。可惜的是，这颗卫星没有成功进入预定的轨道。但是，这次试验证明了我国的卫星可以实现变轨飞行、姿态控制、轨道控制和精度控制，为后续卫星的设计理念提供了可靠的支持，为我国卫星的研发工作突破难关，奠定了扎实的基础！此后，我国陆续发射了用于科学考察、气象观测和通信广播等的大量卫星，并在熟练掌握发射技术的同时，逐步掌握了卫星回收技术。

　　正是初期的稳扎稳打，为我国卫星事业后续的突飞猛进夯实了基础。从1970年至2022年10月，50多年来我国共有543颗卫星进入太空服役，卫星数量位居世界第三！

第2节

中国卫星十二字

"上得去"

卫星想要成功入轨，首先要把它送上太空。这就是"上得去"的意思。可是，如何将卫星送上万米高空呢？这就需要运载火箭来帮忙了。

1965年10月，上海机电设计院搬迁到北京，加入我国第一枚运载火箭长征一号的总体研制团队。上海机电设计院的总工程师王希季承担起我国第一颗人造卫星运载火箭的研发重任。

当时，我国已经拥有用于东风系列导弹发射的火箭推进技术。专家们经过尝试，发现卫星发射所需要的运载火箭与发射导弹所需的火箭原理类似但又并不完全相同。

探空火箭作为结构简单的亚轨道飞行器，它的主要技术要求是保证飞行稳定、到达一定高度即可，结构简单，成本低廉，发射也方便，但没有变轨的功能。相比之下，运载火箭的结构就尤为复杂了。

为了实现"送星入轨"，运载火箭上必须安装遥测系统、外部测量系统和安全控制系统。除此之外，技术指标的要求也格外精密，其中包括运载能力精度、入轨精度等。由于卫星有大有小，轨道有高有低，对不同重量的有效载荷，运载火箭必须能够具备很强的适应能力和可靠性。运载火箭上要配备装有有效载荷的仪器舱，外面再套上整流罩，它的每一级都必须包括箭体结构、推进系统和飞行控制系统，才能确保经过多次推进，最终将卫星精准地送入轨道。

研制运载火箭虽然艰难，但难不倒我们卫星研制组的专家们。经

工作人员用打气筒为探空火箭加注推进剂

过多次研究和尝试，他们提出了一个方案：使用中程液体推进剂导弹作为卫星运载火箭的第一级和第二级，再研制一个固体推进剂火箭作为第三级。也就是说，在研制初期，研发人员把探空火箭技术和导弹技术相结合，加以改装，最终形成了长征一号运载火箭。

"抓得住"

通过组合导弹发射与探空火箭技术，解决了卫星"上得去"的问题，而"抓得住"就是如何在茫茫星海里找到我们的卫星。

测控团队在跟踪和测量火箭与卫星的位置和速度

为了汇报我国航天事业的成果，让全国人民都感受到我国航天事业的进步，在东方红一号发射之初，要准确预报卫星在太空中的运行情况，如飞过了哪个国家的首都，这个预报必须准确无误！

为了能做到"抓得住"，卫星研制小组再一次进行了艰难的探索。想必大家在观看火箭发射的时候都听到过这样的报告声："卫星光学雷达跟踪正常，遥测信号稳定。"——这就是"抓住"卫星的关键所在。

关于我国卫星测控技术，有两位测控领域的专家付出了大量的努力，一位是"中国光学之父"王大珩，另一位是无线电电子学家陈芳允。

王大珩研发出的靶场光测设备与光电经纬仪，在我国的导弹试射观测中起到了重要的作用。在研制卫星时，基于同样的原理，使用同一套观测设备，可以直接跟踪观测火箭与卫星。陈芳允则在无线电观测领域贡献卓绝，在苏联发射的卫星成功进入太空运行的同时，他与几位同事一起开发制作了一个多普勒测量仪，这台装置成功计算出这颗卫星的运行轨道。

两位专业领域的顶尖科学家强强联手，一致决定采用以无线电观测为主，光学观测为辅的卫星遥测方案。

艰难困苦从不会使中国航天人退缩，尽管当时的中国无线电观测领域还是一片空白，但未被开发就意味着拥有无限的机会与可能。在"615"会议上，专家们反复探讨了利用何种无线电观测手段才能实现卫

王大珩（中国光学之父）

（1915年2月26日—2011年7月21日），生于日本东京，原籍江苏吴县（今苏州）。1936年毕业于清华大学物理系。1938年赴英留学，攻读应用光学专业，获硕士学位。我国现代国防光学技术及光学工程的开拓者和奠基人之一。对实现国防现代化研制各种大型光学观测设备有突出贡献，对我国的光学事业及计量科学的发展起了重要的推动作用。

陈芳允（无线电电子学家）

（1916年4月3日—2000年4月29日），浙江台州黄岩人，九三学社社员，无线电电子学家，中国卫星测量、控制技术的奠基人之一，"两弹一星功勋奖章"获得者，中国科学院院士，中国科学技术大学和国防科技大学教授。陈芳允长期从事无线电电子学及电子和空间系统工程的科学研究和开发工作。1951年加入九三学社。1980年当选为中国科学院学部委员（院士）。

星"抓得住"的重要方针，并总结出了三种备选方案：

◆ 采用当时美国普遍使用的比相干涉仪；
◆ 采用当时较为先进的多普勒测量仪；
◆ 采用当时中国正在研制的154-Ⅱ型单脉冲跟踪雷达。

后来，经过研究比对，专家们认为跟踪雷达方案技术相对不成熟，然后又根据当时的国情排除了生产成本较高的比相干涉仪方案，最终选择采用多普勒测量仪方案。但是，下一个问题就接踵而至：当时这个测量仪只是用来观测电离层的，还不能用于测量卫星。

什么是多普勒效应？

波长因为波源和观测者的相对运动而产生变化。例如，一辆高速列车迎面开来时，它的汽笛声会渐变为尖叫声（频率变高）。列车开得越快，这个频率变化越大；反之越小。1842年，奥地利物理学家及数学家克里斯琴·约翰·多普勒最先发现了这个现象。

什么是多站多普勒独立测轨方案？

当一台雷达接收到卫星运行的多普勒频移时，我们只能知道卫星的大致方位，报不出准确位置，也算不出轨迹。要解决这个问题，中国科学院的科学家提出了独到的多站多普勒独立测轨方案——设置多台接收机，对它们各自的即时数据及时运算和处理，从而初步确定卫星的即时位置。

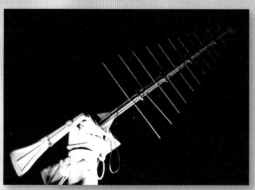

在东方红一号卫星任务中大放异彩的多普勒测速仪

测量组的成员不得不紧锣密鼓地开始计算，经过20多天的奋战，最终跳出了传统的卫星—观测站之间的常规思路，直接从多普勒原理中导出了一组多站多普勒独立测轨方程，一举打破了常规，开创了新的使用方法。

会议最后决定，三种方法兼并采用，以多普勒测量仪为主，脉冲雷达为辅，干涉仪为试验，力求稳准狠，一步到位，"抓住"卫星。

想要"抓得住"卫星，只有跟踪测量是远远不够的，地面对卫星信号的接收力也是重中之重。东方红一号卫星发射入轨后，运行速度将达到每秒约8千米，经过我国疆域的时间较短，观测难度极大，这就需要地面各个观测站之间紧密配合。在我国，发射场与观测站常常相距很远，为了防止电磁源干扰，它们大多建立在偏远的郊外，避开城市、机场、发电站等。因此，如果各个观测站的时间不能保持统一，发射场与观测站的时间就不能一致，哪怕稍有差池，预报的卫星路径也会存在偏差，会造成一场严重的事故。

此外，通信系统也是一大难题，东方红一号卫星有一个重大使命——"听得到"。要想完成"听得到"，前提便是"抓得住"，为了顺利播放东方红乐曲，就需要实现通信系统的天地连线，这就造成了站点之间的大量信息数据交互！

航天事业本就是一场冒险，这也是航天人始终勇往直前的推动力！

为了满足从火箭起飞到卫星入轨，再到正常运行的所有观测需求，仅仅半年时间，一套

翔实有效的观测方案出炉了，其中包括遍布中国14个省份，共18个观测站及1个控制计算中心的选址和设计，还组建了一支上千人的观测队伍。

以酒泉卫星发射中心的东风观测站为中心，在预定轨道附近建立了闽西、南宁、昆明、新化四个站点。后续又根据卫星轨道的变化，在其他地区建立了卫星测控中心，包括一个大型计算中心与通信中心，用于与地方观测站进行联络。

"听得到"

> 东方红，太阳升，中国出了个毛泽东。
> 他为人民谋幸福，呼儿嗨哟，他是人民大救星。
> 他为人民谋幸福，呼儿嗨哟，他是人民大救星。
> 毛主席，爱人民，他是我们的带路人。
> 为了建设新中国，呼儿嗨哟，领导我们向前进。
>
> ——《东方红·歌曲选段》

这首陕北民歌是每一个中国人耳熟能详的歌曲，任何时候只要听到这首歌曲，就能够激起内心的爱国情怀，它以朴实的语言，唱出了人民群众对毛泽东主席及其领导的中国共产党的深厚感情。当这首曲子通过卫星通信传来时，中华民族蓬勃发展的强盛生命力从每个人的胸膛之中喷薄而出。

当时，东方红一号卫星用短波重复播放的《东方红》乐曲，用地面的收音机直接从卫星收听是很难实现的，因此研发人员要用专门的设备先把卫星信号接收下来，再通过信息转码传送到广播电台进行转播。

为了实现星地通信对接的稳定，地面一端必须配备大功率发射机、高灵敏度接收机、大尺寸天线等沉重的设备。在临近卫星发射的1970年4月中旬，位于渭南一个塬上的某测控部队站点受命负责完成卫星信号的接收任务。由于卫星是不断运动的，天线需要以最大精确度指向卫星，必须不断调整。但是当时只拥有一套试验用的设备，必须由人用绳子拉着天线的支架操控天线指向，过程相当麻烦。

即便如此，卫星成功发射的第二天一大早，所有工作人员在接到命令后，立即把接收天线拉到指向卫星将要出现的方向，静静等候着。当听到第一声《东方红》乐曲，声音非常清晰时，全体参试人员欢呼鼓掌，有的都跳了起来。

"看得见"

虽然时间已经过去50多年，可还有不少中国人记得当年聚集在天安门广场上仰望卫星的激动一幕。当年大家看到的东方红一号卫星，其实是长征一号运载火箭的第三级，真正的卫星则在它前面不远处为它领航！

"上得去""抓得住""听得到"三个问题，已经通过火箭、卫星各个系统集智攻关得到解决。可是，"看得见"依旧是一个很大的难题。

卫星本身是不发光的，它们大多是装载探测仪器的器具，配备两个太阳能帆板用来提供电能。东方红一号更是一个直径仅为1米的球体，即便金属表面能够反射太阳光，亮度也仅仅相当于一颗六等星，而能被人类肉眼看见的星等极限是五等星。

东方红一号卫星所承载的社会和科学意义巨大，必须实现肉眼可见，才能更好地证明中国的实力，向全国人民交出一张满意的答卷。于是，技术人员围绕着如何"看见"卫星展开了攻坚战。最终，大家选择了"借箭显星"的妙法。

长征一号运载火箭第三级托举着东方红一号卫星一同进入太空，技术人员在它身上增加了一个"观测裙"。发射前，先把"观测裙"收拢起来，等到星箭进入太空后再利用旋转带来的离心力展开"观测裙"。

"观测裙"的直径达3米多，表面镀铝大大增强了太阳光的反射，增加了视觉上的观测亮度，让人们肉眼就能看见。由于发射卫星的过程是星箭齐飞，它们会一同入轨，轨道速度相差不大，前后距离相隔不远，看见闪亮的"观测裙"我们就可以知道，在它附近一定运行着我们的东方红一号卫星！

百折不挠，百炼成钢。1970年，东方红一号卫星成功发射升空，全国人民从收音机里听到了遥远太空中播放的美妙乐曲，看到它闪耀着划过夜空。东方红一号卫星的项目团队为国家、为民族立下了汗马功劳，东方红一号卫星上天更是震惊了全世界！

人们观看东方红一号卫星

东方红一号卫星

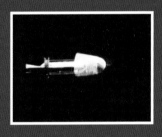

东方红一号卫星和第三级火箭

星等（magnitude）是衡量天体光度的量。为了衡量星星的明暗程度，古希腊天文学家喜帕恰斯（Hipparchus，又名依巴谷）在公元前2世纪首先提出了星等这个概念。星等数值越小，星星就越亮；星等数值越大，星星就越暗。

第3节

卫星的种类

当我们跟随回忆的脚步走过这段坎坷岁月时，卫星登天的艰辛历程依然能拨动我们的心弦。长风破浪会有时，如今我国航天事业在卫星领域已十分成熟，成功发射了多种类型的人造卫星。下面，让我们一起来系统地了解卫星吧！

人造卫星的类别很多，早期的卫星大多与东方红一号相似，仅仅是科学实验卫星，它们的基本功能是广播和简单的科学实验等。但很快，具有各种潜力的卫星被开发研制了出来。随着人类科技的进步，航天技术经过漫长的发展，对实验和数据的需求量逐渐增加，卫星的种类随之不断增加并细分，使得卫星家族的成员越来越多，分类方法也是多种多样。

我们就根据应用分类法来对卫星家族进行初步了解吧！

1. 通信卫星

卫星家族的第一个类别是通信卫星。顾名思义，通信卫星的主要功能是传递信息。从前车马船行都很慢，邮寄一份思念要用许多年，但自从有了通信卫星，当思念远方的亲人时，我们只需一眨眼的工夫就可以让他知道了！

你记得吗？

Q：卫星信号是如何传回地球的呢？

A：我国各地分散着许多卫星信号接收站，负责接收遥远太空中卫星传来的信息。

如今正是一个信息爆炸的时代，每天都有海量的信息在网络内川流不息，电视、广播早已经无法满足人们对于信息传播的需求，通信卫星恰恰可以将信息准确而高速地在用户之间传递。还有直播数据、移动通信数据、互联网数据，甚至月球和其他星球的科学探测数据，都可以由通信卫星来中转和传递。

由于通信对人类来说十分重要，通信卫星自然成为人类研究得最早、最深入，种类最繁多的卫星类型。

按照需求的不同，通信卫星在投入使用时的轨道面也不同，几乎囊括了所有的轨道类型。最常见的是位于赤道上空的静止地球轨道，周期与地球自转同步，非常适合大型通信卫星工作。因此，运行在这个轨道上的通信卫星就像是太空中的"绿邮筒"，它始终立在那里，等待着为你"邮寄思念"。

近些年，随着我国"星链计划"的推进，低轨道通信卫星逐渐成为主力军。

2.导航卫星

说到导航卫星就必须要提到我国的北斗卫星系统，经过26年的攻坚克难，这个系统已于2020年6月完美竣工。目前它是我国唯一包括中远地球轨道和同步地球轨道的导航星座，标志着我国导航星座发展又向前迈进一步。

导航卫星是通信卫星的衍生应用产品，它与通信卫星的不同主要在于传递模式。一般的通信卫星是典型的"用户－卫星－用户"模式，进行双向信息传递，而导航卫星只进行"卫星－用户"这样的单向信息传递。导航卫星不断地向地面接收站传送自身的精确位置和时间，用户当接收到至少三颗导航卫星的信号时，通过计算得出与卫星之间的准确距离，就可以建立方程组计算三维坐标和时间信息，确定自己在地球上的精确位置。

导航卫星在运行时不需要与用户进行交互，因此工作能力能够集中在向地面传输数据的精度上。我们可以将导航卫星比作电视信号塔，它只需要专心播放电视内容即可，不必对电视机前的观众有任何回应。

导航卫星对人类生活的价值极大，甚至已经改变了人类数千年来的生活方式与交通方式。现在，导航卫星已经与我们的生活紧密融合，无法分割。

3. 气象卫星

气象是一个极其敏感的领域，地球上的大气层组成了"防护罩"，为所有生物提供了赖以生存的环境。然而大气层内部却是变化多端的，气流的变换往往可以引发自然灾害。因此，监控气象对于我们的生活来说尤为重要，不仅要进行每日天气状况的预测，还要进行危险预警、灾害预测。自从有了气象卫星这个好帮手，因气象问题引发的灾难就可以提前预报了。

4. 科学卫星

科学卫星主要用于科学探测和研究，根据用途不同安装望远镜、光谱分析仪、盖革计数器等设备，可以称得上是人类探索未知的钥匙。通过科学卫星，科学家们获得了大量有关空间物理环境和各种天体空间物质的宝贵资料。作为卫星家族中的"敢死队"，它们个个都具备献身精神，经常背负着"出生入死"的重任，如探索太阳辐射等。大多数科学卫星都为了科学而献身，极少能够安全回到地球。

科学卫星主要包括空间物理探测卫星、天文卫星、生物卫星和空间微重力实验卫星等，用来研究地球或其他星球的大气层、辐射带、磁层，以及宇宙射线、太阳辐射等，并可以观测其他星体。

空间物理探测卫星

空间物理探测卫星的主要功能是对空间物理现象和过程进行探测和研究。它们通常在距离地面数百千米高的轨道长期运行，承载着最先进的科学探测仪器，能够不受大气层影响，直接对空间环境进行探测。空间物理探测卫星服务于空间物理学科的发展需求，它的出现推动了空间物理学科的发展。如今，空间物理探测卫星也形成了多星联动的探测网。

天文卫星

天文卫星的主要功能是对宇宙天体和其他空间物质进行观测，与它的兄弟空间物理探测卫星相同，它们都运行在距地面几百千米高的轨道上。不同的

是，天文卫星接收的是宇宙天体辐射出来的各种波段电磁波，为空间天文学的诞生和发展打下了坚实的基础。

微重力科学实验卫星

微重力科学实验卫星探索的是各种有生命或无生命的物质在空间微重力条件下的行为和特征，其中包括空间材料科学实验、空间生命科学实验和空间基本物理化学实验等。其中，专门用于进行空间生命实验的卫星还有另一个名字——生物卫星。

第4节

大卫星，小卫星

细心的朋友可能会发现，在介绍卫星时经常会出现"大型卫星"和"小型卫星"的说法。那么，大小卫星究竟是如何定义的呢？

在这一节，我们来一起了解一下卫星的大小之别！

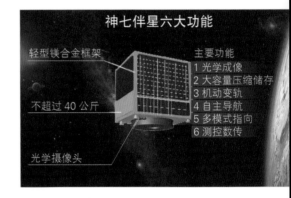

神舟七号伴星六大功能

1. 小卫星

东方红一号卫星已经是我们熟知的老朋友了，它就是一颗传统的小卫星，总重约173千克，直径约1米。

卫星的大型和小型是根据卫星的质量来区分的。通常，小于1000千克的卫星被称为广义的"小卫星"，其中500—1000千克的是小卫星，100—500千克的是微小卫星，10—100千克是显微卫星，小于10千克的则被称为微纳卫星。

与大卫星相比，小卫星具有更容易集中发射和造价低廉的优势，许多微小卫星的内部零件只有一个鼠标大小，整合起来就同玩具一般大，能够实现拿在手中研究及同时对多个卫星进行试验。此外，微纳卫星通常作为大卫星的伴星存在，为主卫星或运载火箭提供功能上的

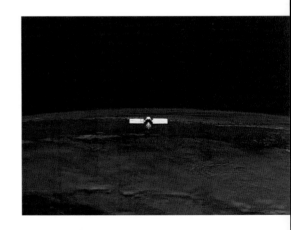

神舟七号伴星实拍图

补偿服务。

神舟七号载人航天飞船的伴飞小卫星就是小卫星应用的典型例子，这颗伴飞小卫星的使命之一，是用CCD（电荷耦合器件）立体相机近距离、多角度地给神舟七号"拍照"。

卫星想要做到小而有用并不容易。它与大卫星同样是高度集成化的产品，计算机的迅速发展帮助实现了卫星内部零件的小型化，使得小卫星可以快速实现设计、制造、发射、入轨运行一条龙操作。随着小卫星的出现，大大提高了卫星发射的效率。从前，一枚运载火箭只能发射一颗卫星，现在一次性将数十颗卫星同时送入太空已不再是难事。

2018年12月7日，长征二号丁运载火箭在酒泉卫星发射中心发射升空，一次性将沙特-5A/5B卫星、十颗辅星（小卫星）送入太空。这十颗小卫星中包括"瓢虫"系列小卫星七颗，由一颗百千克级别的主星——瓢虫1号和六颗立方体小卫星组成，主要用于对野生动物保护、野外应急救援、车辆船舶监测、物流追溯等领域开展卫星物联网系统级验证。

另外三颗小卫星也不简单，其中一颗是鉴定技术验证卫星TY/DF-1星，由先进微纳卫星研制联合实验室研制。它的任务是积极探索军民融合背景下的持续发展，尝试促进科研成果转化进入生活。斗鱼-666号小卫星是一颗专为直播数据而发射的卫星，它的任务是探索直播概念。另外一颗小卫星——新疆交通01号则是专为新疆的交通基础设施建设而服务的。

由此可见，相比大卫星来说，小卫星的任务是更加细致地服务于百姓生活。这一次"多星齐飞"的成功无疑会为我国小卫星发展史添上浓墨重彩的一笔。

2.大卫星

大卫星也称为重型卫星，这种卫星体积大、重量大，通常是作为卫星平台使用的。

中国发射过的最大型卫星平台——实践二十号卫星，于2019年搭乘长征五号遥三运载火箭发射成功，在九天内就完成了一系列"高难度"动作。

实践二十号卫星配备了一副巨型太阳翼，展开后要比波音737飞机的翼展

技术人员正在对东方红五号地球同步轨道卫星平台进行检测

技术人员正在检测卫星

还要宽10米，是实打实的空中巨物。《逍遥游》中有言："北冥有鱼，其名为鲲。鲲之大，不知其几千里也；化而为鸟，其名为鹏，鹏之背，不知其几千里也；怒而飞，其翼若垂天之云。"如果说太空是浩瀚的星海，那么重型卫星就是"北冥之鲲"；如果说太空是无尽的天穹，那么实践二十号卫星就是飞鹏展翼如云，从红色东方振翅而起。

第二章

进入太空，各有分工

遥感卫星

你曾于天空之上俯瞰过地球吗？

人类从古至今都有一个梦，就是飞上天空看遍人间。

绵延千里的山脉向何方而去？奔腾不息的大江有几条支流？巍峨的雪山之巅是怎样的风光？我们居住的城市又是什么模样？

古时候，有的人为了追寻这些疑问的真相，驾起车马，背上行囊，走遍山川登高远望，沿着江岸步步跋涉，倾其一生绘制出山河画卷或城邦地图。

现在，随着科技的发展，当想要看到壮丽的山河、精密的地图时，我们再也不用等待许多年了。只要打开卫星图，我们身处的城市中拔地而起的万丈高楼、万里之外的北冰洋正在融化的冰川，都能在瞬间尽入眼帘。这一切都要归功于卫星遥感技术的应用！

1. 什么是卫星遥感？

"卫星遥感"这个词，大家不免有些陌生，但这项技术在现代生活中随处都能用到。举一个最简单的例子，突发洪涝灾害时候，防汛领导部门可从监测结果图像和统计图表看出水淹区域和测算水淹面积，指挥抗灾。其实，这背后起到强大作用的

就是卫星遥感。

卫星遥感是航天遥感的主要组成部分，把遥感设备安装在卫星上，遥感卫星就成了我们生活中的好朋友！在深入了解遥感卫星之前，我们首先来了解一下遥感技术。

遥感的概念很通俗，就是遥远的感知，这个词来源于英语"remote sensing"，指从远处探测、感知物体或事物的技术。

在科学意义上的遥感泛指一切无接触的远距离探测，通常是将一个小型装置安放在承载工具上，在不直接接触被研究目标的情况下，感测目标的信息特征，再经过传输、处理后，从中提取出我们需要的内容的过程。

例如，当森林发生火灾时，搭载着热遥感感应器的卫星从空中经过险情地区上方，当地抢险人员就可以依靠卫星遥感图来确定火灾实时发生的范围，以便更有效地控制火势的蔓延。

最初的航空遥感设备是搭载在飞机或热气球上的。1975年，中国发射了第一颗遥感卫星"尖兵一号"，自此，遥感技术进入我国航天领域的大幕徐徐拉开了。

遥感技术之所以如此重要，自然是因为它功能强大，好处很多！

1.1 遥感的特点

1.1.1 探测广，采集快

遥感探测能在较短的时间内从高空对大范围地区进行对地观测，并从中获取研究所需要的遥感数据，为科学研究提供第一手资料，节省了宝贵的时间。

1.1.2　动态反映地面事物

　　遥感探测技术能够周期性、反复地对同一地区进行对地观测。它能发现并动态地跟踪地球上的变化，其中包括自然环境变化、天气情况、自然灾害等。

　　了解了这么多遥感的特性，我们就不难发现遥感的功能其实是非常神奇而广泛的！它就像武侠小说里的神秘武学一样，是"顺风耳"也是"千里眼"，还能"隔空取物"，为人类生产、生活做贡献。那么它是如何做到的呢？

1.2　遥感的原理

　　遥感要完成艰巨的"隔空取物"任务主要依靠电磁波谱的帮助。

　　在动物中，蝙蝠依靠发出的超声波来判断面前障碍物的距离和方向。

　　蝙蝠在飞行时会发出一种叫声，这是一种超声波信号，我们人类是无法听到的，因为它的音频很高。这些超声波信号在蝙蝠的飞行路线上碰到其他物体，就会立刻反射回来，被蝙蝠的耳朵接收。在接收到返回的信息之后，蝙蝠可以判断障碍物的种类，在振翅之间就完成了回声定位，再从容不迫地决定自己是躲避还是追捕。

　　所以，你明白了吗？电磁波就是遥感技术的"超声波"。它通过探测到的自然界中的可见光、紫外线、红外线及微波等电磁波，收集数据、计算、提取、传输，当卫星搭载遥感器在轨道上运行时，遥感器将利用实时发出的电磁波对地面进行探测，接收信号合成数据，进而完成"隔空取物"！

　　遥感是在物理学科、计算机学科、空间科学和地球学科的理论基础上建立和发展而来的一门探测技术，因为其先进和实用性，在科学技术日新月异的现代不断被运用于我们的日常生活。遥感技术目前主要应用于航空航天设备，它帮助我们拓宽了视野，看到人类目所不能及的画面，为人类对未知世界的探索提供了支持和保障。

蝙蝠发出的超声波信号

在航空航天领域之外，遥感技术还被广泛应用在农业、林业、畜牧业及渔业中，既可探测鱼群，又可观测农作物长势，颇有一股"十项全能大BOSS（领导）"的意味！它引领着卫星家族中的陆地资源卫星、海洋卫星和气象卫星三名成员，兢兢业业，为地球和我们的生活热心地服务着。

2.遥感卫星

卫星遥感、遥感卫星，听起来很相似，让我们傻傻分不清楚。其实很简单，遥感卫星是运行于地球外层空间，搭载着遥感设备的人造卫星。用卫星作为平台的遥感技术则被称为卫星遥感。通常，遥感卫星会在轨道上工作数年，而卫星轨道则根据任务需要来规划。因此，遥感卫星的轨道并不是固定的！

截至2022年8月，中国已经成功发射了53颗遥感卫星，它们从2006年开始按部就班地进入轨道，勤勤恳恳围绕我们的地球运行着。

2.1 冠以"遥感"之名

中国遥感卫星首次进入太空是在2006年。那一年的4月27日，长征四号乙运载火箭搭载着遥感卫星一号顺利发射，它是我国冠以"遥感"之名的系列卫星中的第一颗，我国遥感卫星正式开启了探索之路。

2021年2月24日，长征四号丙运载火箭搭载遥感三十一号03组卫星成功发射升空，卫星顺利进入预定轨道。

什么是电磁波谱呢？

依照波长的长短、频率及波源的不同，电磁波谱可大致分为：无线电波、微波、红外线、可见光、紫外线、X射线和伽马射线。

自然界中的一切物体，由于种类及环境条件不同，都具有反射和辐射不同波长电磁波的特性。

2022年6月23日，长征二号丁运载火箭以"一箭三星"的方式，成功将遥感三十五号02组卫星送入太空，卫星顺利进入预定轨道。

从2006年到2022年，遥感系列卫星在太空中逐步形成了一个网络服务平台，它们相互配合，共同促进了我国的社会进步和经济发展。

2.2 遥感卫星可有大能耐

了解了遥感卫星的发展脚步，我们再来看看遥感卫星的工作方式。

从用途上看，遥感卫星是指安装了遥感探测器的卫星，主要任务是通过获取远端电磁波信息感知目标的特征、变化或变化趋势，从而完成对海洋、陆地，以及气象的探测。它具体是怎样完成工作的呢？

其实，遥感卫星通常会根据观测目标的不同被分为陆地资源卫星、海洋卫星及气象卫星，这几类卫星的区别又是什么呢？别急，我们马上就来认识它们！

2.3 卫星也讲究"术业有专攻"

你可能会感到疑惑，既然遥感卫星的能力如此强大，为何还要分成不同的类别，难道一个遥感卫星不能同时观测气象、陆地和海洋吗？

要解决这个疑问，就必须先了解遥感卫星的运行特征、观察周期和分辨率。

遥感卫星在太空中"漫步"时，是按照既定轨道在运行，就像车辆行驶在机动车道上，而人走在人行道上。因此，肩负不同任务的遥感卫星各自都有属于自己的轨道。它们在"行走"中会不断获取视角范围内地面物体的电磁波信号，于是它们的行进路线决定了我们能够得到哪些区域的数据信息。如果由一颗遥感卫星同时监测海洋、气象和陆地，它获取的数据在区域覆盖的能力上将会大打折扣。

此外，不同的监测目标所需的监测时间周期、空间尺度、光谱分辨率各有不同。例如，陆地资源卫星的观测对象多，而且需要的精细程度极高，因此对空间分辨率和光谱分辨率要求较高。同时，因为观测的目标种类多，所以需要搭载多个传感器。

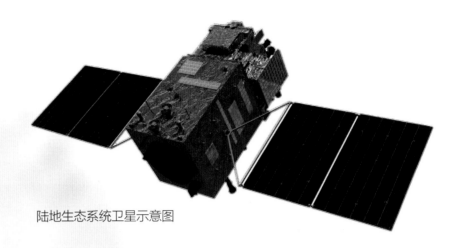

陆地生态系统卫星示意图

2.4 太空中的"侦察连"

古人云，能者多劳。遥感卫星自首次运用以来就备受重视，其功能上的高精度与多星合作能力也使它成为不可或缺的"侦察连"。

目前，中国自主研发的最大遥感卫星群——吉林一号卫星群正在稳步组建中，预计将在2025年全部竣工。它由138颗卫星组成，轨道高度距离地面500多千米，联网后能够监测全球的每个角落，还具备视频凝视功能，是海上作业的好帮手。

视频凝视功能就像是火控雷达。普通雷达的工作方式是扫描探测，发现障碍，但无法锁定住移动目标。火控雷达则能够始终追踪目标。吉林一号卫星一旦发现目标，就能以视频凝视方式锁定目标，提供清晰的信息及图像。

3. 带着数据回家来——返回式遥感卫星

还记得前面提到的遥感卫星会在太空轨道上工作数年吗？那么这些卫星离开祖国的怀抱，进入太空工作，还有可能回来吗？

有一种卫星名叫返回式卫星，它可是一个恋家的孩子，每次工作结束后都会回到地球来，并为我们带回那些在太空中接收到的数据。它也是如今在太空中长期运行的遥感卫星的开路人，更是中国航天遥感事业的开拓者，在传输式遥感卫星尚未投入运行之前的二十多年里，中国自己的航天遥感资料都来自返回式卫星。

从20世纪70年代以来，我国共研制出了6种型号的返回式遥感卫星，完成了24次发射，成功回收22次。

3.1　千里之行，始于足下

老子曰："千里之行，始于足下。"所有的事情都需要一步步来，循序渐进，自强不息，才能获得成功。

继东方红一号卫星成功升空后，返回式遥感卫星的升空是中国航天事业的又一重大成功。然而，这背后的辛酸却鲜有人知——尖兵一号卫星的诞生过程充满了艰辛和挫折。

1974年11月5日，研制了三年的中国第一颗返回式遥感卫星终于要发射了。可是，火箭起飞后，姿态失去稳定，偏离预定轨道，在升空20秒后启动了自毁程序。

发射的失败令人痛心，但科研人员在失望的同时没有丝毫气馁，他们迅速开展了火箭残骸的回收检查工作。在天寒地冻的11月，科研人员把沙漠翻了个遍，用筛子把炸碎的火箭、卫星残骸一点点筛出来，逐步排查故障，发现可能存在的问题。最终，他们找到了发射失败的原因。原来，是运载火箭中一根铜丝的断裂造成的。

在克服种种困难后，科研人员终于准确地将尖兵一号送入预定轨道，让它翱翔在浩瀚的太空。

3.2　尖兵突击

1975年11月26日，在酒泉卫星发射中心，长征二号运载火箭成功将第一颗返回式遥感卫星——尖兵一号送入太空。

尖兵一号返回式遥感卫星　　参观者在西安卫星测控中心参观中国第一颗返回式卫星

尖兵一号在完成环绕地球47圈的预定任务后，从太空冲进地球的大气层，在预定的时间内回到了祖国的怀抱！

11月29日，尖兵一号卫星回收舱安全降落并回收成功，至此我国成为世界上第三个掌握卫星回收技术的国家。

迄今为止，返回式卫星仍是中国发射次数最多的一种卫星，它创造了巨大的社会效益和经济效益。为了适应有效载荷的变化，我国先后对返回式卫星平台进行了多次改进，不仅有效载荷的质量有所增加，卫星的在轨时间也大幅延长。我国先后研制并发射了FSW-0、FSW-1、FSW-2、FSW-3、FSW-4五种型号的返回式卫星，以及SJ-8。

◆ FSW-0：第一代返回式国土普查卫星，共10次发射，9次成功发射并回收，取得了卫星制造、卫星发射、跟踪测控和卫星回收的技术进步。

◆ FSW-1：第一代返回式摄影测绘卫星，共5次发射，4次成功回收。该型号卫星在计算机控制技术、舱压控制等方面有比较大的进步，卫星飞行时间增加到8天。

◆ FSW-2：第二代返回式国土普查卫星，共3次发射，3次成功回收，飞行时间15天。

◆ FSW-3：第二代返回式摄影测绘卫星，共3次发射，3次成功回收，飞行时间18天。

◆ FSW-4：返回式国土详查卫星，共2次发射，2次成功回收，飞行时间27天。

◆ SJ-8：实践八号育种卫星，主要用于进行空间诱变育种和空间微重力科学实验。

通过数次发射试验与科研攻关，我国现在已经掌握了返回式卫星的总体设计、制造、防热、大型试验、卫星发射、跟踪测控和卫星回收等各种关键技术！我国利用返回式卫星，在自然资源调查、地质调查、地图测绘、铁路选线规划和考古研究等方面，都取得了丰硕成果！在后续的卫星研制中，新型号将充分继承和吸收"前辈"的成功经验和成熟技术。

风云气象卫星

　　气象卫星，是指从太空对地球及其大气层进行气象观测的人造卫星，是卫星气象观测系统的空间部分。气象卫星成员众多，是一个大家族！它们按照计划依次上天，各走各的路，看似不大亲厚，实际上它们分工明确，合作愉快，"手牵手"围绕着地球努力工作，为我们源源不断地提供与生活息息相关的气象信息。今天，我们打开手机就能实时查看天气信息，何时下雨、何时天晴，如此精准的报告，都是气象卫星的功劳。

　　我国气象卫星的发展自20世纪70年代始，截至2023年8月，已经成功发射了21颗气象卫星。根据不同的功能，它们分为四个系列：风云一号、风云二号、风云三号、风云四号。其中，风云二号和风云三号已经成为全球气象卫星系统的重要成员！

　　在深入了解气象卫星功能之前，让我们先来了解"风云"家族的成长史吧！

1. 气象卫星风云路

1.1 风云一号

· 1988年9月7日，我国第一颗气象卫星风云一号A星（FY‐1A）升空，在轨时间至1988年10月16日。
· 1990年9月3日，风云—号B星（FY‐1B）升空，在轨时间至1991年11月。
· 1999年5月10日，风云一号C星（FY‐1C）升空，在轨时间至2004年4月26日。
· 2002年5月15日，风云一号D星（FY-1D）升空，在轨时间至2012年4月1日。

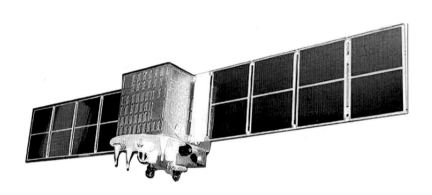

风云一号A / B / C / D星

风云一号是我国**第一代工作在极轨的气象卫星**，第一颗提供气象服务的卫星。风云一号由FY‐1A、FY‐1B、FY‐1C、FY‐1D四颗卫星组成。

作为第一代气象卫星，它的主要任务是获取国内外大气、云、陆地、海洋资料。它的稳定运行解决了诸多难题，如太阳同步轨道卫星发射和精准入轨、对卫星的长期业务测控和管理、全球资料在卫星上的存储和回放等。

科研人员按照计划对卫星进行在轨测试

在风云一号四兄弟中，FY-1C毫无疑问是最大的功臣，它凭借着自己的在轨稳定性和高精密的数据准确性被联合国世界气象组织纳入全球对地观测业务卫星序列。

1.2　风云二号

- 1997年6月10日，风云二号A星（FY-2A）升空，在轨时间至1998年4月8日。

- 2000年6月25日，风云二号B星（FY-2B）升空，在轨时间至2004年9月1日。

- 2004年10月19日，风云二号C星（FY-2C）升空，在轨时间至2009年11月25日。

- 2006年12月8日，风云二号D星（FY-2D）升空，在轨时间至2015年6月30日。

- 2008年12月23日，风云二号E星（FY-2E）升空，在轨时间至2019年1月11日。

定点经度105°E（2015年6月3日之前）、86.5°E（2015年7月之后）。

- 2012年1月13日，风云二号F星（FY-2F）升空，在轨时间至2022年4月1日。

- 2014年12月31日，风云二号G星（FY-2G）升空。至今仍在正常运行。定点经度99.5°E（2015年6月1日之前）、105°E（2015年6月1日至2018年4月9日）、99.2°E（2018年4月16日之后）。

- 2018年6月5日，风云二号H星（FY-2H）升空。至今仍在正常运行。定点经度79°E，是我国的"一带一路星"。

风云二号A / B / C / D / E / F / G / H星

　　风云二号卫星是我国从20世纪80年代开始研制的**地球静止气象卫星**，它的主要任务是监测汛期河流水位涨幅，以及辅助地面应用系统的工作和城市的设计与建设，还负责获取白天可见光云图、昼夜红外云图和水汽分布图。它与风云一号及风云三号极地轨道气象卫星相辅相成，是我国气象卫星系统的主要成员，在重大自然灾害、灾难遇险监测方面，一直提供着重要的支持。

　　风云二号卫星对暴雨、沙尘暴、大雾、草原和森林火灾等也有很强的监测能力。在黑龙江及内蒙古草原的森林大

火险情中，风云二号卫星不仅提供了持续不断的动态火情监测数据，还提供了人工影响天气作业的天气分析数据，为最终扑灭大火立下了汗马功劳。

截至2018年，8颗风云二号地球静止气象卫星成员全部成功发射升空，并正常在轨工作。其中，FY–2A、FY–2B、FY–2C、FY–2D、FY–2E和FY–2F 6颗卫星已完成工作，停止运行。目前在轨运行并提供应用服务的是FY–2G、FY–2H。

1.3　风云三号

· 2008年5月27日，风云三号A星（FY-3A）升空，在轨时间至 2018年2月11日。

· 2010年11月5日，风云三号B星（FY-3B）升空，在轨时间至 2020年6月1日。

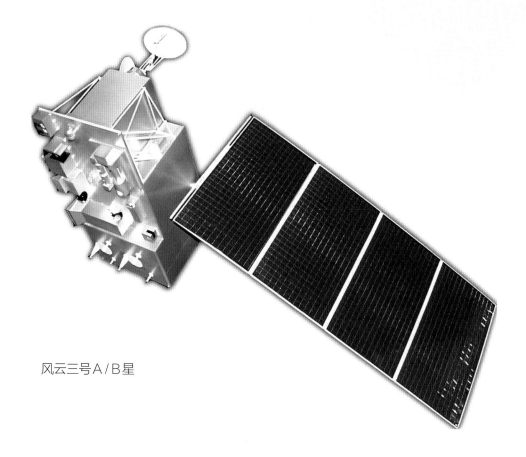

风云三号A／B星

- 2013年9月23日，风云三号C星（FY-3C）升空，目前仍在性能退化的状态下运行。

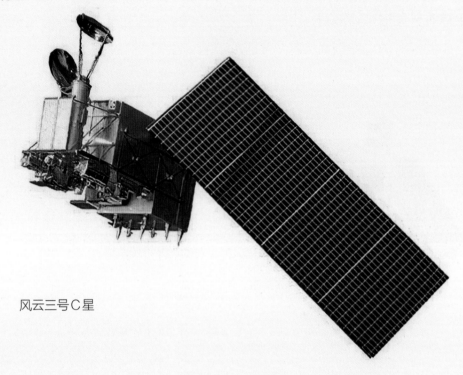

风云三号C星

- 2017年11月15日，风云三号D星（FY-3D）升空，目前正常运行中。
- 2021年7月5日，风云三号E星（FY-3E）升空，2022年6月投入试运行。2022年12月1日正式业务运行。

风云三号D星   风云三号E星

· 2023年4月16日，风云三号G星（FY-3G）成功发射，使中国成为全球唯一同时运行晨昏、上午、下午和倾斜四条近地轨道气象卫星的国家。

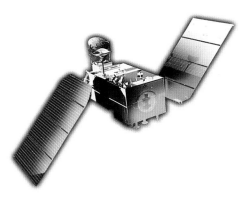

风云三号G星

· 2023年8月3日，风云三号F星（FY-3F）成功发射。作为上午轨道卫星，该星将接替风云三号C星在轨业务，在确保全球成像观测、大气垂直探测的基础上，强化了地球系统的综合观测能力，主要应用于气象预报预测、气候变化应对、气象防灾减灾、服务生态文明建设。

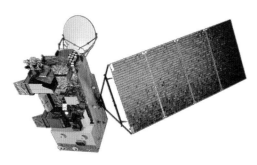

风云三号F星

风云三号气象卫星与风云一号气象卫星属于同一个卫星工种——极轨气象卫星。作为第二代极轨气象卫星，它在技术上比起风云一号更加强劲，因此它的工作能力更强！

不仅如此，风云三号卫星还是国内搭载遥感探测仪器最多的一款对地遥感卫星！强大的功能使它成为风云气象卫星家族中的"大哥大"，它也是我国气象卫星及卫星应用进入成熟阶段的"带动者"。

我们生活的方方面面，都无法离开风云三号在太空中的努力。它不仅被用于气象、海洋、农业、林业、环保、水利、交通、航空等部门，还广泛应用于天气预报、气候预测、灾害监测、环境监测。

卫星遥感是什么，你还记得吗?

遥感卫星是用作外层空间遥感平台的人造卫星。用卫星作为平台的遥感技术被称为卫星遥感。通常，遥感卫星可在轨道上运行数年，卫星轨道可根据任务需要来确定。

三维综合大气探测功能使它对台风、暴雨、大雾、沙尘暴、森林草原火灾等自然灾害格外敏感。我们能看到的天气预警多数都是它的功劳!

1.4　风云四号

　　风云气象卫星家族最年轻的成员,是我国第二代静止气象卫星——风云四号。它负责接替我国第一代静止气象卫星风云二号执行任务。与之前三位成员不同,风云四号迄今为止只有2颗卫星,均已入轨运行。

风云三号气象卫星的具体应用目的共四个方面:

　　1.为天气预报提供全球均匀分辨率的气象参数。

　　2.为气候预测提供各种气象和地球物理参数,帮助发现全球变化包括气候变化规律。

　　3.监测大范围自然灾害和地表生态环境。

　　4.为航空、航海等事业提供专业气象服务,提供全球任一地区的气象信息。

· 2016年12月11日,风云四号A星(FY-4A)升空,目前正常运行中。

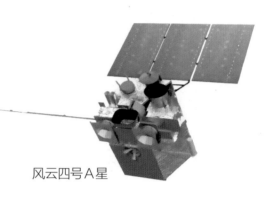

风云四号A星

· 2021年6月3日,风云四号B星(FY-4B)升空,2022年6月投入试运行,目前正常运行中。

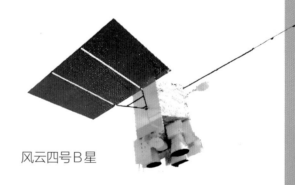

风云四号B星

　　为了实现卫星的综合利用,风云四号身负重担。它未来的发展目标将充分考虑海洋、农业、林业、水利及环境与空间科学等领域的需求,所以它是一颗功能齐全的卫星!

　　与同类型的卫星相比,风云四号搭载了先进的静止轨道辐射

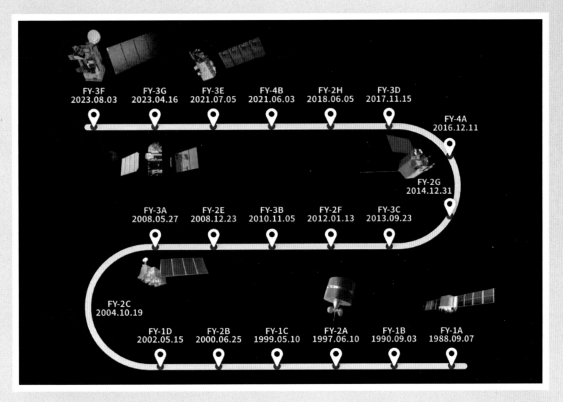

风云气象卫星发射时间图

成像仪，大大地提高了自己的性能。

2.两大家族掌握气象，为民生保驾护航

　　看过了四大风云系列卫星之后，你应该发现了它们可分为两大家族：**风云静止气象卫星和风云极轨气象卫星**。你可能会好奇，同样用于观测地表、监测大气，为什么要把它们分成两大家族呢？只研制一种不行吗？

　　虽然都是气象卫星，但极轨气象卫星和静止气象卫星有很大的差别，两种气象卫星的观测有其各自独特的作用，彼此优势互补。对于气候预测和研究来说，这两种卫星就像左膀和右臂，缺一不可。

2.1 静止卫星

静止卫星，顾名思义是指运行轨道为对地静止的人造地球卫星。它的特点是在太空中运行时与地面上固定的一个点呈相对静止不动的运行模式。通常，静止卫星的轨道面倾角为零，这意味着它的运行轨道基本与赤道在同一水平面上，运转周期和地球自转周期相同。当夜幕降临时，浩瀚星空里，我们的静止卫星在向你打招呼。

由于静止卫星的星下点位置始终是保持不变的，因此无论从地球上任意一点来观察它都是静止的，它的这种运行轨道被称为静止轨道。

静止卫星家族成员的主要特点是业务覆盖区域广，单一卫星可以观测中低纬度地区1/3的范围，因此只需3颗静止卫星互成120°，就可以完成全球数据覆盖。不仅如此，它在工作上也格外靠谱，具备很强的灵活性与机动性，可以快速检测目标动态变化。

当静止气象卫星服务于天气预报与分析，特别是用于对大气层内部中小尺度强对流天气的监测时，静止卫星能够做到每天对固定区域进行高频次的观察，时时刻刻对负责区域进行不间断的观测，目前的观测频次可达到分钟级别，这对于天气预报和分析来说都是强有力的帮助。

大气垂直结构： 指的是依照大气温度随高度变化而产生的一种垂直结构，由地面向上分成4层：对流层、平流层、中间层、热层。

静止卫星的运行轨道是顺行的圆形轨道，高度是固定的，距离地面35786千米，卫星运动速度为3.07千米/秒。一颗卫星可覆盖约40%的地球面积。

例如,风云四号静止气象卫星在天气观测方面潜力非凡,除了常见的平面探测,它还能够对大气的垂直方向进行监测,这对于观测大气垂直结构尤为重要!

静止气象卫星就像一位"护林员",精心而执着地守护着一片"森林"。

此外,静止卫星还拥有地面跟踪容易、收发控制简单的优势,早已成为通信、导航、气象、侦察、电视直播等领域的宠儿。我国是世界上第五个独立研制和发射地球静止轨道卫星的国家。

2.2 极轨卫星

静止卫星勤劳负责,极轨卫星精细扎实。

极轨卫星又叫"极地卫星",作为与静止卫星互相帮助的老搭档,极轨卫星的运行轨道与静止卫星大相径庭,它环绕着地球飞行,轨道面与赤道面夹角为90°,运行时会飞越南北极区域上空。而且它的轨道与太阳是同步的,于是它每天两次在相同的时间飞越地球表面同一个点,每隔12小时为我们提供一份最新的全球气象资料。研究极地区域的科学卫星是必须采用这种轨道的,而绝大部分气象卫星也是采用极地轨道,因此它还被称为"近极地太阳同步轨道卫星",并获得了"卫星里的向日葵"的美誉。

极轨卫星的特点是全球"高清"观测。它的本职工作是服务于全球模式下的数值天气预报,以及研究全球生态环境变化、探索气候变化规律,监测大范围的自然灾害,并为气候诊断和预测提供所需的物理参数。我们常见到的大风黄色

预警与雷雨蓝色预警之类的"警报"，都是根据极轨气象卫星提供的预测数据来发布的。

为了更好地完成工作任务，极轨卫星轨道低，并且常常搭载比静止卫星更精密的摄像设备，分辨率通常是静止卫星的40倍。较低的轨道带来的好处可不仅是分辨率的提高，还有与地面信号、数据和能量感应能力的增强，发射与控制难度也随之减半。作为一个常与家乡联络的孩子，气象学家们有时会把本该在静止卫星上运行的高科技观测仪器首先安装在极轨卫星上试运行。

2.3 排放监测"碳卫星"

讲起气象卫星大家族，就不得不提到其中一位特殊的成员——碳卫星（TANSAT）。它是由中国自主研制的首颗全球大气二氧化碳观测科学实验卫星，从诞生之初就背负着守护全球环境健康的重大使命，是监测二氧化碳排放量、控制全球气候变暖的中坚力量。

二氧化碳是地球大气的重要组成部分，它会产生较强的温室效应，因此被科学界认为是造成气候变化的关键原因。面对全球气候变化，减少二氧化碳等温室气体的排放是必然选择。为了减缓因二氧化碳过度排放而造成的气候变化，保护我们赖以生存的地球，对大气中二氧化碳浓度的监测越来越重要！利用碳卫星在太空中的观测，可获得大气中二氧化碳浓度方面的信息。

全球二氧化碳地面观测站点仅有数百个，难以满足监测需求，只有用卫星俯瞰，才能绘制出

极轨卫星的轨道高度不高，一般在650—1500千米，是静止气象卫星的1/40。由于其重复观测周期较长，开展极轨气象卫星业务需要国际合作，形成多颗卫星的观测网，以提高观测数据的时间分辨率。

全球气候变暖会造成冰川融化、海平面上升、物种灭绝等恶劣影响。

二氧化碳分布的全景图。此外，在所有的碳排放量监测手段中，使用卫星搭载高光谱温室气体探测技术，既能对二氧化碳等温室气体浓度进行高精度探测，又能获取全球各区域的气体浓度分布数据。但是，碳卫星技术难度极高，我国是第五个发射碳卫星并成功入轨的国家，在大气二氧化碳监测方面跻身国际前列。

迈出艰辛第一步

碳卫星是中国研制的首颗全球大气二氧化碳观测科学实验卫星，总质量达620千克，搭载一体化设计的两台科学载荷，分别是高光谱二氧化碳探测仪和起辅助作用的多谱段云与气溶胶探测仪。

- 2010年，中华人民共和国科学技术部设立了"全球二氧化碳监测科学实验卫星与应用示范"重大项目，计划发射一颗搭载两台有效载荷的碳卫星，并在全国范围内公开招标。
- 2015年12月1日，科研人员在中科院长春光机所高光谱实验室对"碳卫星"高光谱探测仪进行上电前状态检查。
- 2016年5月，碳卫星正式出厂。
- 2016年12月22日，长征二号丁运载火箭搭载着碳卫星成功发射升空。
- 2018年2月，中国科学院大气物理研究所展示了中国碳卫星观测的首幅全球二氧化碳分布图，标志着中国碳卫星将为气候变化的研究提供数据支撑。

· 2021年，中国的科研团队基于我国第一颗碳卫星——全球二氧化碳监测科学实验卫星的观测数据，发布了全球碳通量数据集，标志着我国已具备全球碳收支的空间定量监测能力，可以助力盘点各地碳收支。

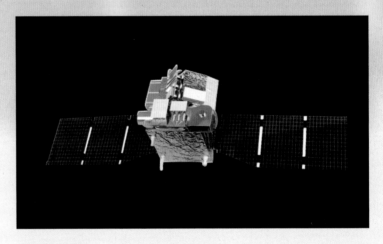

碳卫星示意图

工作原理

　　卫星在轨运行只是第一步，利用卫星遥感进行准确有效的监测、获取高质量的数据才是最关键的环节。作为一颗典型的遥感卫星，碳卫星的工作同样要依靠光谱完成。它通过利用大气二氧化碳吸收光谱的形态，来计算并获得二氧化碳在大气中的含量，进而计算碳排放和碳吸收。

云与气溶胶偏振成像仪

高光谱温室气体探测仪

身负"利器"碳卫星

高光谱温室气体探测仪（ACGS）

　　碳卫星在工作中使用的是大气吸收池原理。空气中的二氧化碳、氧气等气体在近红外至短波红外波段有较多的气体吸收谱线，进而形成具备明显分辨特征的大气吸收光谱，大气温室气体探测正是基于这个原理，实现对吸收光谱的强弱进行严格定量测量，综合气压、温度等辅助信息，并排除大气悬浮微粒等干扰因素，应用反演算法就计算出了卫星观测路径上的二氧化碳柱浓度。

利器傍身："小"身材却有"大"本领

　　大气二氧化碳的变化涉及范围极其广泛，包括大气圈、生物圈、岩石圈、海洋圈、人类圈等多个圈层的相互联系。因此，利用碳卫星监测的难度很大，对于精度要求很高，需要达到2.5‰，于是碳卫星身上装载着两件"利器"，除利用红外谱段探测温室气体浓度的高光谱温室气体探测仪之外，还有一台是云与气溶胶偏振成像仪（CAPI）。

载荷设备

高光谱温室气体探测仪的具体工作方式是在可见光和近红外谱段，利用分子吸收谱线探测二氧化碳等温室气体浓度。

高光谱温室气体探测仪设有3个通道，能够捕获植被日光诱导叶绿素荧光，这样不仅能对全球大气中二氧化碳浓度进行动态监测，还能高精度反演植被日光诱导叶绿素荧光。卫星尺度叶绿素荧光能够精确估算全球植被光合生产力，结合同步反演的大气二氧化碳浓度数据，二者协同将能极大提升全球碳源汇观测能力。

高光谱温室气体探测仪最核心的关键指标之一是光谱分辨率，该仪器最高光谱分辨率可达0.04nm，而实现高光谱分辨率的核心分光原件是看上去色彩斑斓的全息衍射光栅。它可是个需要好生照看的脆弱的小家伙，哪怕一粒细小灰尘进入仪器，也会造成杂散光，影响探测效果。

云与气溶胶偏振成像仪也不简单。这台仪器可以测量云、大气颗粒物等，获取辅助信息，为科学家剔除干扰因素，精确反向推演二氧化碳浓度；还可以帮助气象学家提高天气预报的准确性，并为研究PM2.5等大气污染成因提供重要的数据支撑。

研究人员对光栅进行清理

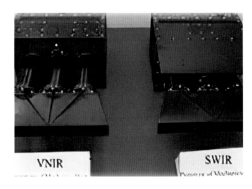

云与气溶胶偏振成像仪

我们的碳卫星是我国第一代温室气体监测专用卫星，实现了我国空间温室气体高精度监测从无到有，同时迈出了太空对地温室气体监测重要且艰巨的第一步。在未来，我们的科学家将会继续以碳卫星的研究成果为基础，研发新一代的温室气体监测卫星，服务于我国和全球"双碳"目标的实现。

3. 卫星在天，各守一方

看到这里，想必你已经非常了解气象卫星这个大家族了，从第一颗气象卫星入轨至今已经过去数十载春秋，那么，这些卫星究竟有哪几种武艺，它们又是如何在遥远的太空中守护我们的呢？

3.1 知冷暖，为百姓

相比过去，我国台风预报取得了长足的进步，风云气象卫星为此立下了汗马功劳！

静止气象卫星与极轨气象卫星相互配合，为预报员实时分析并判断台风影响提供了重要的信息；在极易产生极端降雨天气的华南地区，它们多次提前一小时提供了龙卷风预警，为当地防御灾害和转移撤离争取到了宝贵时间。

曾经，风云气象卫星每半个小时才能绘制出一张云图，空间分辨率在几千米左右。而如今的卫星，掌握风云变幻、关心百姓冷暖、紧盯风起云涌，每5分钟就可以为中国及周边区域绘制出新的云图，每一分钟就能生成一张指定区域的云图。现在，我国暴雨预警准确率高达90%。

我国气象预报水平的提高，与风云卫星在太空中的努力密不可分。

3.2 慧眼望，守食粮

从看天吃饭到知天而作，卫星遥感使粮食保卫战胜券在握。风云卫星遥遥端坐于九天之上，以一双慧眼眺望四方，为我国农业耕种保驾护航，使农民化被动为主动，防灾抗灾能力也大大提升了。

近年来，中国气象局、中国科学院、农业农村部等部门将风云气象卫星资料作为数据源，开展国内外重要产粮区气象灾害监测，以及小麦、玉米、水稻和大豆等主要粮食作物长势监测与产量估算，为科学决策提供了重要可靠的参考依据。

农业气象灾害对我国粮食产量影响很大，其中干旱的影响最甚。每逢春秋汛期、夏季干旱时，小麦播种推迟，苗情偏差，农业收耕就成了一场硬仗。农收产量通常与地表温度和土壤水分有关，这两项同时是干旱监测中的重要参数。以前，农民主要通过气象站点获取相关数据，但站点相对稀疏，空间代表性不够，人工方式又费时费力，一直以来收效甚微。随着气象卫星的发展，波段数量和辐射分辨率不断优化，其红外遥感数据可反演地表温度，微波亮温数据可反演土壤水分，给气象灾害监测预警及作物长势监测、产量估算提供了有力支撑。

科学家们以风云气象卫星提供的土地遥感数据为基础，在实验室中反演农田的环境参数，研究作物生长模型，始终为田间农业管理提供有价值的参考。近些年来，农业气象遥感服务得到了各方的好评。

3.3 监生态，健中国

那些在高山之巅的森林、沙漠之中的绿洲、大江源头的湖泊如果遭到污染怎么办？我们怎样才能知道那些遥远地方的生态情况呢？别着急，风云气象卫星来帮忙！

环境保护早已成为全球共识，我国自然不甘落后。如今，风云气象卫星的数据已被广泛应用于生态监测。国家卫星气象中心还建立了2000年以来植被、地表温度、水体、蓝藻水华、沙尘、积雪等长序列卫星遥感数据集，并联合多地编制了植被、城市热岛、水体、蓝藻水华、沙尘、积雪、火情等10余项技术导则。

截至2022年6月，我国风云系列气象卫星的风云三号E星、风云四号B星及其地面应用系统已从测试阶段接入业务试运行阶段。风云三号E星搭载的微光型中分辨率光谱成像仪，具备在晨昏轨道监测灯光信息的能力，可实现对城市灯光影像的动态监测。

第3节

海洋卫星

看过风云变幻的气象，卫星们的目光落在了我国蓝色的边疆——海洋上。

海洋卫星是专门观测海洋、研究海洋及为海洋环境调查、海洋资源开发利用而设计发射的人造地球卫星。它与气象卫星一样，都是我国外层空间对地环境监测体系的重要组成部分，也是地球遥感卫星中的一个重要分支。

从2000年年初至2022年，经过20多年漫长的发展，海洋卫星家族有3个系列，即海洋水色卫星、动力环境卫星、海洋监视监测卫星，共8颗卫星加入了地球外层空间工作组，为我国的环境研究、海洋动态研究勤勤恳恳地工作着。它们为提高我国海洋水文气象预报的准确性、开发海洋资源、发展海运事业和沿岸及近海工程建设，以及监测海洋污染等方面提供了关键的数据依据。

1.瞭望"蓝色边疆"

海洋卫星，全名海洋观测卫星（ocean observation satellite），它是用遥感器感测海面的电磁辐射，以监视、分析和研究海洋环境的人造地球卫星。由此可见，海洋卫星是一种遥感卫星。

中国海洋卫星的研发要从1986年说起，这是我国开始组织海洋卫星研发与发射论证工作的第一年。经过足足11年的筹备，在1997年，海洋一号卫星被正式批准研制。

中国政府对海洋卫星格外用心。2000年11月22日首次发表的《中国的航天》白皮书中就明确地阐述了海洋卫星的职责：建立稳定运行的卫星对地观测体系。海洋卫星是其中的重要成员。

人类的活动范围，经历了从陆地到海洋，从海洋到大气层，从大气层到外

海洋一号A星搭乘长征四号乙运载火箭发射升空

层空间的逐步拓展过程。中国将从本国国情出发，继续推进航天
事业的发展，为和平利用外层空间，为人类的文明和进步做出应
有的贡献。

—— 《中国的航天》白皮书（2000年版）

建立长期稳定运行的卫星对地观测体系。由气象卫星系列、
资源卫星系列、海洋卫星系列和环境与灾害监测小卫星群组成长
期稳定运行的卫星对地观测体系，实现对中国及周边地区甚至全
球的陆地、大气、海洋的立体观测和动态监测。

—— 《中国的航天》白皮书（2000年版）

2002年5月，在太原卫星发射中心惊天的轰鸣声中，如烈日
一般耀眼的火焰推动着长征四号乙运载火箭发射升空，它搭载着
我国海洋系列卫星的第一位勇士——海洋一号A星（HY-1A）进
入太空。它的成功发射入轨，实现了我国海洋卫星"零"的突破，
填补了我国在海洋卫星领域的空白，也开启了海洋系列卫星家族
走向繁荣的万里征程！

海洋一号A星是我国第一颗用于海洋水色探测的试验业务卫星。
作为海洋卫星家族的先锋，我国航天科技集团五院研制团队积极为它

海洋一号A星

太阳翼是做什么用的呢?

太阳翼是卫星的能量来源,就是一种太阳能帆板,用来收集太阳能,通常应用于卫星、宇宙飞船的供能,也可安装在环保型汽车的顶部,和普通的家用太阳能电池板功能相似。

"收拾行囊",轻装上阵。为减轻卫星重量,海洋一号A星采用了单轴驱动器驱动两个太阳翼的技术,这项关键技术的突破不仅是当时国内的技术首创,在全球航天领域也处于领先地位。

海洋一号A星上装载有两台遥感器,一台是10波段的海洋水色扫描仪,另一台是4波段的CCD成像仪,可以提供250—1000米空间分辨率的可见光、红外卫星数据。主要用于观测海水光学特性、叶绿素浓度、海表温度、悬浮泥沙含量、可溶有机物、污染物等。除此之外,它还兼顾观测海冰冰情、浅海地形、海流特征、海面上大气气溶胶。

两台遥感器相互合作,能够完成对中国沿海区域的实时观测,其广度囊括渤海、黄海、东海、南海及海岸带区域,着眼于我国近海水色水温及海岸带动态变化信息,重点满足赤潮、渔场、海冰和海温的监测和预测预报需求。海洋一号A星传回的应用数据大多应用在我国海洋生物资源的开发利用、河口港湾的建设和治理、海洋污染监测防治、海岸带资源调查开发及全球环境变化研究等领域。

海洋一号A星的成功发射使我国在海洋空间观测领域跨进了一大步,跻身世界强国行列。从2002年起,海洋系列卫星陆续接力悬挂九天,替我们守望着祖国的"蓝色边疆"。

2.海洋系列卫星家族

2.1 海洋水色接力棒

海洋一号

2004年4月,海洋一号A星在实际运行685日后,完成了它"领航"与

"开路"的任务，光荣"退休"，但我国的海洋观测事业并未就此终止，因为我们"后继有星"。

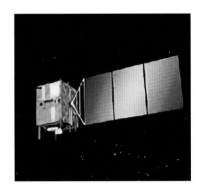

海洋一号B星

2007年4月11日，我国第二颗海洋水色卫星——海洋一号B星（HY-1B）成功发射。它身负一台10波段的海洋水色扫描仪和一台4波段的海岸带成像仪，是海洋一号A星的后继星，在进入轨道运行后完整地接替了前辈的工作。

海洋一号B星在海洋一号A星的基础上研制而成，观测能力和探测精度进一步增强和提高。同时，最大限度地保证了在轨运行的稳定与可靠。它的实际在轨寿命长达9年10个月，是我国小卫星领域著名的"老寿星"！

这颗"老寿星"的工作内容主要是探测叶绿素、悬浮泥沙、可溶有机物及海洋表面温度等要素和进行海岸带动态变化监测。此外，它还服务于海洋经济发展和国防建设。

你了解双星吗？

双星由两颗绕着共同的中心旋转的恒星组成。对于其中一颗来说，另一颗就是它的"伴星"。

2018年9月7日，我国第三颗海洋水色卫星——海洋一号C星（HY-1C）升空，与海洋一号B星接力继续完成光荣使命，实时观测区域扩大到西北太平洋。

在海洋一号C卫星承担起我国海洋水色观测使命的同时，我国民用空间基础设施中长期发展规划海洋业务卫星的序幕也拉开了。

2020年6月11日，海洋一号D星（HY-1D）发射升空，它与海洋一号C星互相协作，组成我国首个海洋民用业务卫星星座，彻底实现了双星上、

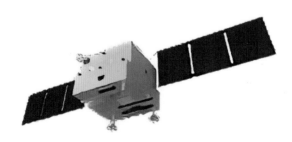

海洋一号C／D星

下午组网观测，大大提高了对海洋水色、海岸带资源与生态环境的有效观测能力。

2.2　海洋动力环境监测网

海洋二号

2011年8月16日，海洋二号A星（HY-2A）成功发射，并在次年3月正式交付使用。

2018年10月25日，海洋二号B星（HY-2B）成功发射，它是我国海洋动力环境监测网的首发星。虽然提供的数据空间分辨率较低（25千米），但是对于满足海洋动力环境预报、海洋灾害预警等要求已是绰绰有余。

2020年9月21日，我国海洋动力环境监测网的第二颗卫星——海洋二号C星（HY-2C）成功发射。

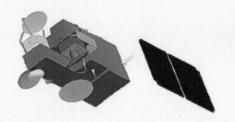

海洋二号B星

2021年5月19日，海洋二号D星（HY-2D）成功发射。该星与海洋二号B星、C星在轨组网，标志着我国首个海洋动力环境监测网完美竣工。三颗卫星组网运行后，我国对全球海洋监测的覆盖能力达到80%以上。

与海洋一号卫星家族的职责不同，海洋二号卫星家族的成员集主、被动微波遥感器于一体，负责监测海洋动力环境。

海洋二号的4颗卫星在轨运行后，广泛获取了全球海面风场、海洋动力场等多种重要海洋动力参数。它们具有高精度测轨、定轨能力与全天候、全天时、全球探测能力，能够获得包括海面风场、浪高、海面高

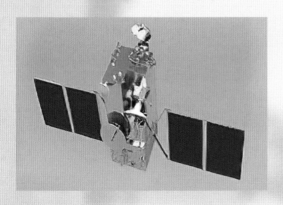

海洋二号C/D星

度、海面温度等多种海洋动力环境的详细参数，直接服务于海洋环境监测与预报、海洋调查与资源开发等多个领域。

海洋三号

2016年8月，海洋三号（HY-3）卫星成功发射。它是海洋监视监测卫星，采用资源二号卫星平台。

海洋三号卫星星座规划为：继承高分三号卫星技术基础，1米C-SAR卫星、干涉SAR卫星（2颗编队干涉小卫星或1颗）同轨分布运行，构成海陆雷达卫星星座。海洋三号卫星的主要遥感载荷是合成孔径雷达（SAR），这是一种主动式微波遥感仪器，通过先发射微波波束再接收来自海面的后向散射回波来获取海面信息。海洋三号卫星的主要任务是探测海上目标，对海洋环境进行实时监测，实现全天时、全天候海面目标与环境监测。

搭载SAR的海洋监视监测卫星功能强大，可以穿透海上云雾，能够通过合成孔径技术与脉冲压缩技术，实现对海洋和陆地表面高分辨率（1米）二维图像的获取，做到在白天和黑夜均可以对海洋进行观测，全天时、全天候的观测能力要明显优于仅能在白天天气晴朗时才能观测的光学海洋卫星。基于强劲的能力，海洋三号卫星还能服务于我国海洋抢险任务。

2.3 家族里的混血儿

中法海洋卫星

我国的海洋卫星家族中有一个特别的存在，它是由中国国家航天局（CNSA）和法国国家空间研究中心（CNES）联合立项支持的中法合作海洋遥感卫星——中法海洋卫星（China France Oceanography Satellite，CFOSAT）。

2018年10月29日上午8时43分，中法海洋卫星在酒泉卫星发射中心用长征二号丙运载火箭成功发射。

中法海洋卫星拥有两个有效载荷——中方研制的微波散射计（SCAT）和法方研制的海洋波谱仪（SWIM），分别测量海面风场（包括风速和风向）和海面波浪方向谱（沿不同方向的不同波长的海面波浪能量分布），用于研究海面风场与波浪的物理特性和相互作用。

中法海洋卫星是国际上首个具有海面风场和波浪谱联合观测能力的卫星，也是中法两个航天大国联合研制的两颗卫星中率先发射的。另一颗是中法天文卫星（SVOM）。

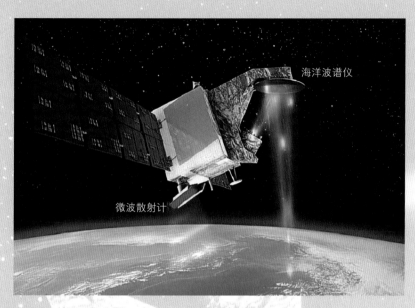

海洋波谱仪

微波散射计

中法海洋卫星的两个有效载荷：微波散射计和海洋波谱仪

　　中法海洋卫星的遥感载荷是多极化、多模式合成孔径雷达，这一传感器可以在不受天气影响的情况下提供卫星数据，空间分辨率最高可达米级，但是观测范围有限。这颗"混血卫星"的主要任务是获取全球海面波浪谱、海面风场、南北极海冰信息。它在500多千米高的轨道上监测全球海面，获取信息，同时还在大气—海洋界面建模、海浪在大气—海洋界面作用分析，以及浮冰与极地冰性质研究等方面发挥作用，并对陆地表面参数进行观测，帮助科学家们更好地了解海洋动力和气候变化。

3. 海洋卫星的工作原理

　　我们已经知道，海洋卫星属于遥感卫星，它主要利用微波波段进行探测。微波脉冲仅能够穿透不超过厘米级的薄层，也就是说，使用微波脉冲穿透一块橡皮都是不可能的。

那么，如此微弱的脉冲是如何帮助海洋卫星探测水下环境的呢？这就要讲到海洋卫星的"博学多识"了。其实，它是通过海洋表面温度、盐度、高度等来"反演"计算出水下环境状况的。

海水会"热胀冷缩"，水温越高时候，海水的盐度越小，同时海水的密度就越小；海水内部密度变化会引起海面高度的变化。因此，只要通过测量海面高度的变化就可以得知各层海水的温度、盐度、密度变化了！

此外，海洋近表层还有一层性质均匀的"混合海水层"，它正是海洋的保温层。有了它，海表以下十几米至几百米范围内的海水温度、盐度都与表层海水保持一致。因此，只要了解了海水表层的温度、盐度变化，就可以"反演"出混合层海水的数据变化。

我们的海洋卫星，就是通过这样的"反演"实现了在遥远的太空对水下环境的洞悉！在我国的海洋卫星中，能够做到这一点的是海洋二号卫星与海洋三号卫星，前者擅长通过海表温度、海面高度等"反演"水下环境的必需要素，后者则可以直接探测海洋中的尺度涡与海洋内波等三维结构的信号。

在未来，我国还将在海洋系列卫星的功能上更新换代，发射更细分辨率、更高精度的探测卫星，使水下环境能更清晰地呈现在我们眼前。

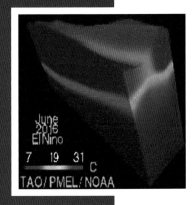

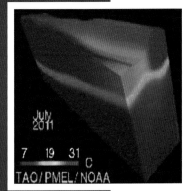

4.海洋卫星的业务化运用

海洋作为地球气候的调节器，海面温度的分布和变化会随时影响整个陆地天气和气候的变化，甚至引发各类自然灾害。例如，厄尔尼诺现象会引起突发的降雨、洪涝等灾害。

海洋二号A星和海洋一号B星刚好可以监测海洋的这些变化。它们携带的扫描微波辐射计能够详细记录海洋表面的温度变化，并向地面进行反馈，既可以帮助我们提前发现气象灾害的迹象做好应急准备，也可以指导渔业生产作业、节省大洋寻渔成本。

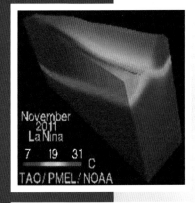

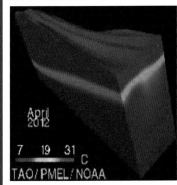

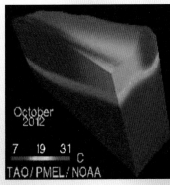

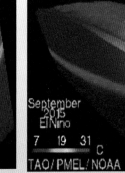

组图：海水垂直结构（温度分布）多样性

在万米高空俯瞰整片海域，海洋卫星还能对海冰分布状况一目了然，及时疏通海上交通，为沿岸居民的生命和财产安全提供保障。

探测水下环境状况的作用：

通过探测水下环境状况，海洋监测卫星可以对潜艇进行监控。

一是依靠电子侦察手段，接收其通信信号；

二是用红外探测器探测潜艇温度较高的尾迹；

三是用雷达探测潜艇的通气管或上浮状态的潜艇。

什么是厄尔尼诺现象呢？

厄尔尼诺现象是指，由于西太平洋海面温度较往年有所升高，从而造成环赤道太平洋地区出现天气、气候异常。当厄尔尼诺现象发生时，秘鲁等常年降水偏少的太平洋东岸国家可能会突发降雨洪涝，印尼等常年多雨的西太平洋沿岸国家则会干旱。中国的沿海地区也会受到它的影响。

第4节

资源卫星

千尺黄沙下掩埋着上古的宝藏，重叠的地层犹如少女的"面纱"，藏匿着久远文明的美丽。它们携带着历史的秘密寂静千百年，只待后人寻着踪迹而来，解开尘封的谜题。

想要轻易"看透"千尺黄沙，再将面纱轻轻"拂"起绝非易事。过去每一次对古迹的搜寻，都要耗费大量人力、物力；勘探、分析、处理、判读，需要数年光阴。但在航天科技突飞猛进的今天，资源卫星化身为掀开黄沙的"探铲"，运用多光谱遥感设备，就能轻而易举地"掘开"底层，将地下的真相清晰地展现于人类眼前。

资源卫星是用于勘测和研究地球自然资源的卫星，它们的主要功能是勘测人类肉眼看不到的地下面貌。资源卫星的功能多、适用性强，在发现历史遗迹、分析地层结构等地理科学方面应用广泛。作为遥感卫星大家族中的一员，资源卫星同样具有其他类别遥感卫星的主要功能，可用于普查农作物、森林、海洋、空气等资源，以及预报各种严重的自然灾害。

1.暮色苍茫看劲松：中国资源一号卫星发展史

资源一号

1999年10月14日，我国第一颗地球资源遥感卫星——资源一号卫星成功发射入轨，运行时间长达3年10个月。

这颗卫星具有十足的"国际范儿"。它的代号是CBERS-01，

资源一号01星发射图

由中国和巴西联合研制。

我国资源卫星最早立项于1986年，标志着我国首颗传输型光学遥感卫星的研制启航。经过两年的研究、学习和探索，我国在1988年8月决定与巴西共同投资，联合展开对资源卫星的研制发射工作。资源一号卫星结束了我国长期只能依赖国外资源卫星的历史，改变了我国在陆地资源研究方面的被动局面，引领我国的航天遥感应用进入了崭新的阶段。

2003年10月21日，资源一号卫星的02星发射成功。至此，中巴地球资源卫星系列全部入轨正常运行。

资源卫星的研制发射时期正好处于我国航天事业蓬勃发展的阶段，中国经历了东方红一号及其他几个系列遥感卫星研制的艰辛后，在卫星载荷与遥感技术运用上已经具备了相当完善的经验体系。资源一号卫星上装有较多有效载荷，包括CCD相机、红外多光谱扫描仪、宽视场成像仪和高密度数字磁记录仪等。

CCD相机

CCD相机采用推扫式成像技术获取地球图像信息，它包含蓝、绿、红、近红外和全色五个光谱段。在卫星入轨后，CCD相机保持只在白天工作的活动模式，机内带有内定标系统，同时具有侧视功能，侧视范围为±32度。

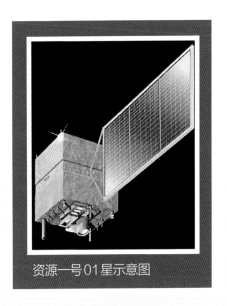

资源一号01星示意图

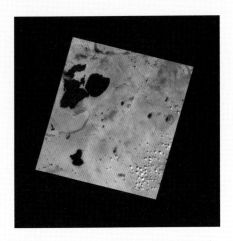

资源一号01星-78米红外产品

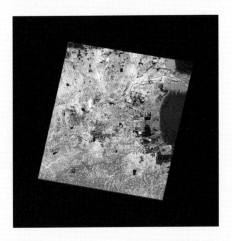

资源一号02星-78米红外产品

红外多光谱扫描仪（IRMSS）

红外多光谱扫描仪采用双向扫描技术来获取地球图像信息。它拥有1个全色波段、2个短波红外波段和1个热红外波段，仪器带有内定标系统和太阳定标系统，并能够完成昼夜成像。

宽视场成像仪（WFI）

也称宽视场相机，具有红光和近红外光谱段。它拥有宽达890千米的扫描辐射范围，每5天就能完成一次地球全覆盖，提高了短时间对地面扫描的重复率。宽视场成像仪星上定标系统包括一个漫反射窗口，可进行相对辐射定标。

资源一号上的三台遥感器的图像数据传输均采用X频

段，其中CCD相机数据传输占用两个通道，红外扫描仪和宽视场相机共用第三个数据传输通道。

高密度磁记录器

上述三种遥感器是资源一号的主要载荷，高密度磁记录器则是一台次要载荷。它用于记录所需地区的观测数据，辅助CCD相机完成数据工作。每当卫星进入地面站接收范围内时，高密度磁记录器会将记录数据进行回放，发送至地面站进行接收。

2007年9月19日，资源一号02B星在太原卫星发射中心成功发射入轨。这颗卫星重1452千克，设计寿命为两年，整星采用三轴稳定设计，是一颗能够实现全球覆盖的地球资源卫星。

由于资源一号系列卫星的首星01星已经完成使命、光荣"退休"，资源一号02B星作为资源卫星家族的新鲜血液，承担着确保我国资源卫星体系长期连续稳定运作的重要职责。

重要的身份意味着重要的责任。中巴卫星研制团队对这颗"后起之秀"进行了有针对性的技术改进。资源一号02B星在对地观测上拥有高（2.36米）、中（20米）、低（258米）三种空间分辨率的遥感数据获取能力，并根据当时的需求搭载了一台2.36米分辨率的HR相机、一台五谱段CCD相机、一台全色高分辨率相机、一台

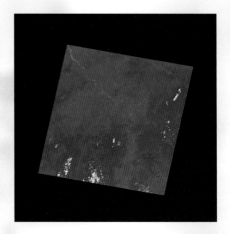

资源一号01星-20米多光谱产品

资源一号02星-258米宽视场产品

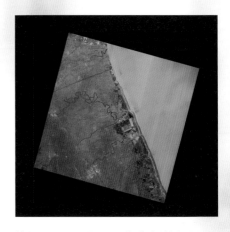

资源一号02星-20米多光谱产品

资源一号02星示意图

多谱段相机采用适当的感光器件和滤光片的组合，能够收集同一景物辐射和反射的光，并按照不同波长分成许多小组，分别记录下来。多谱段相机在卫星中的应用使卫星能够对于同一地区快速完成多个波段的图像信息的提取，充分利用地面物体在不同光谱区域有不同反射特征来增加卫星所能收集到的目标信息量。而且，越高谱段的相机具备越高的识别功能！卫星通常使用的是多谱段相机，这四个波段分别为红、绿、蓝和近红外。

2谱段的宽视场成像仪，同时配备数据传输系统、固态储存器、数据采集系统和空间环境监测系统，是当时我国民用遥感资源卫星中的分辨率冠军。

资源一号02B星的先进功能改变了国外高分辨率卫星数据长期垄断国内市场的局面，并且在国际上产生了广泛影响。2007年11月，在南非召开的国际对地观测组织会议上，中国政府慷慨解囊，宣布与非洲共享资源卫星数据，国际社会反响热烈！资源一号02B星的发射成功对增强我国国土资源勘查能力，促进航天领域国际合作，推动国民经济又好又快发展都具有重要意义。

2011年12月22日，资源一号02C星成功发射入轨。星上搭载有全色多光谱相机和全色高分辨率相机，主要执行获取全色和多光谱图像数据的任务。至此，我国资源卫星成功实现了"三星高照"的局面，卫星从天空中传回的图像数据再也不是枯燥难辨的黑白灰，五彩缤纷的光谱照相产品一张张地映入我们的眼帘！

资源一号02C星应用广泛，国土资源调查、土地遥感监测、土地变更调查、矿产资源开发保护和利用、防灾减灾是它的主要业务。此外，它还在农林水利、生态环境、国家重大工程等领域多次助益。目前，资源一号02C星已经在轨运行十余年，超期工作八年，累计获取照相产品数据132万余条，是我国资源卫星系统里劳苦功高的前辈！

同时，资源一号02C星作为我国国土资源陆海监测的首颗卫星，也是资源卫星业务化的里程碑。资源一号02C星如此勤勤恳恳地为我国国土监测事业孜孜奉献，当夜幕笼垂，它划过夜空时，让我们向它敬个礼吧！

2013年12月9日，资源一号03星整理行装发射入轨，我国资源卫星研制技术再获硕果。

2014年12月7日，资源一号04星携带着资源一号03星积累的经验与新的使命踏上征程！这颗卫星首次放弃携带高分辨率可见光相机，而是配备了一台5/10米空间分辨率的全色多光谱相机和一台20/80米分辨率的红外多光谱扫描仪、9谱段可见近红外照相机和166谱段高光谱相机。这样的新组合实现了可见光到热红外谱段的覆盖，意味着从此以后，我国资源卫星将具备全天候成像能力。中巴两国航天技术人员为了

资源一号02C星-10米多光谱全彩摄影产品

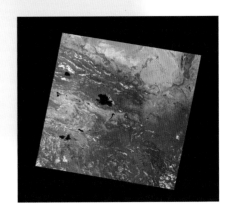

资源一号04星-64米多光谱全彩摄影产品

实现资源一号04星的完美运行，专门针对其覆盖特性进行了轨道设计，使资源一号04星能够在较短时间内完成全球陆地范围覆盖！

资源一号04星的发射成功，首次实现了8个多光谱仪同时对地观测，推动了我国中分辨率遥感数据的国产化，降低了对国外数据的依赖，让我们的科学家坐在实验室中即可实现"一眼看尽尘世间"的梦想！

资源一号02E星巧借"东风"，在经验富足的时期进入研制，研制人员致力于打造一颗新时代的"全能星"。于是，它在所有资源卫星系列前辈的基础上再次升级，"集万千宠爱于一身"，具备了"看得广""能透视""热成像"三大绝技，并继续采用三轴稳定星体控制模式，大大提高了满足应急监测需求的能力，反应迅速、立竿见影。

2021年12月26日，资源一号02E星于太原卫星发射中心成功发射入轨。

它与科学卫星家族的5米光学业务卫星组网同时运行，形成全球领先的业务化对地光谱探测能力。

认识了这么多资源一号卫星家族的成员，让我们来了解一下它们的一个特点——**"独臂"**。

看到资源卫星的照片，对比其他类别的遥感卫星家族成员，我们不难发现，资源一号卫星仅有一只"小翅膀"，而我国国产遥感卫星为了满足长期运行的需要，通常装备至少两块太阳翼为卫星提供能源。那么，资源一号卫星的另一只"小翅膀"去哪儿了呢？

原来，资源卫星的相机对温度较为敏感，所以资源卫星的星体热控需求较高，必须配备大型热辐射器。而它必须面向太空才能正常工作，就是它占用了原本可以设置第二块太阳翼的位置。由于星体温控的必要性不可忽略，资源卫星都成了"独臂星人"。

2. 资源系列接力棒

资源二号

资源一号卫星家族至今仍行进在发展的道路上，它的成功加强了我国对资源卫星研制应用领域的信心与决心。在政策的积极推动下，民用资源二号、三号卫星系列家族蓬勃发展。

资源二号卫星与资源一号系列卫星相似，同为传输型遥感卫星。该系列的两兄弟分别于2000年9月和2002年10月发射入轨运行。

在资源一号的基础上，它们的有效载荷增加了多功能雷达、重力及磁力遥感等多种遥感遥测设备；在设计上采用的是公用平台思想，主要是提高了卫星平台的通用化、系列化、组合化程度，测控等服务系统的可靠性和功能性也得到了相应提高。

资源三号

资源三号卫星与前两个系列的不同之处在于，它搭载了前、后、正视相机，能够对观测区域实现立体成像拍摄，进一步加强了我国在生态环境、城市规划、交通等领域的服务保障能力。

说到资源三号卫星系列家族，就必须着重介绍资源三号02星。2016年5月30日，资源三号02星在太原卫星发射中心成功发射入轨运行。它是我国首颗民用高分辨率光学传输立体测图卫星，它与资源三号01星组成业务观测星座，使我国首次实现自主民用立体测绘的双星组网运行。资源三号双星网不仅能够对地球资源进行调查，还具备强大的测绘能力。

3.巡天遥看一千河：资源卫星的应用

气象卫星帮助我们预测天气变化，海洋卫星帮助我们防范海啸于未然，而同样作为民用遥感卫星的资源卫星，究竟能够帮助我们做些什么呢？

不同于气象卫星与海洋卫星的"接地气"，资源卫星对我们生活的作用显得更加宏观。虽然它的功能较少直接运用在我们的日常生活中，但它对整个国家的国民经济建设、可持续发展始终起着重要的作用。

资源一号卫星的发射，为我国当时的国土资源部等单位启动国产数据应用示范工程奠定了基础。它的成功大力推动了我国国产遥感卫星数据应用体系的形成。简单地说，资源一号卫星提升了我国自主开发资源的实力，为我国科研事业节约了大量经费！

应急灾害的应用

资源卫星自入轨运行以来，源源不断地为我国的各行各业提

供了大量数据。有时，资源卫星也会参与到气象卫星家族的工作中，帮助监测台风等天气现象。

我国国土面积广阔，气候类型丰富，主要有热带季风气候、亚热带季风气候、温带季风气候、温带大陆性气候、高山高原气候五种气候类型，因此自然灾害种类繁多，大致可以分为森林火灾、气象灾害、地质灾害等几类。

其中，气象灾害包括水灾、旱灾、风灾、雪灾、冰冻等，地质灾害主要包括地震、滑坡、泥石流、火山爆发、崩塌等。环境灾害则种类多样，由环境污染引起的灾害包括工业污染、酸雨、溢油、赤潮等。每一类灾害发生时都可能造成重大的经济损失，对人民的生命财产造成严重威胁。而对各种灾害预报、监测，并进行灾后评估和灾后恢复重建等工作都需要利用资源卫星的对地监测功能。

资源卫星的防灾功能主要体现在地质灾害应对方面，强大的空间观测能力是资源卫星的重要优势。例如，在地震、滑坡、泥石流、水灾等地质灾害面前，资源卫星可以利用三维立体拍摄功能详细观察险情，为政府制定排险预案提供有利参考。

区域遥感的应用

在农业种植领域和矿产开采领域，资源卫星也颇有建树。我国以资源卫星为主要数据源，以遥感数据图直观地展示国土内农业种植分布、矿产开采情况等，辅助筛选出较强发展前景的典型地区，从而进行有效的区域发展投入与规划。

行业遥感的应用

随着我们生活的逐渐信息化，不同行业、不同领域对遥感数据的需求逐渐多样化、专业化，从宏观需求转变为更具针对性的需求。从前一般性的应用已经无法满足现代需求，批量业务逐渐成为数据需求的主流模式。资源卫星的高数据传输能力能够满足各行各业用户的实际需求，高分辨率的全彩清晰图像在环境保护

和土地利用方面展现出了良好的应用效果。

　　有了资源卫星帮助的城市规划，地铁畅通无阻，高铁连通大小城市，都市里清晰地划分着喧嚣的闹市与安静的住宅区域。资源卫星默默无闻，却让我们在高楼林立的都市里住得更舒适，生活得更便捷！

　　至此，我们了解了我国遥感卫星行列的几大家族，了解了中国航天事业坚韧自信、不畏挑战的征程。如今的夜空繁"星"璀璨，美丽的"山河画卷"展于眼前，正如毛泽东主席的诗句所说——

　　坐地日行八万里，
　　巡天遥看一千河。

第三章

小小身躯，探索太空

科学卫星

卫星们各个身怀绝技，通常个头不大，本事却都不小！强大的功能使得卫星服务领域覆盖了我们生活的方方面面，但是，为人类生活提供便利只是卫星能力的一部分。在前面的章节中，我们认识了遥感卫星家族。在这一章，让我们一起来了解一下卫星领域的另一大家族——科学卫星！

在中国卫星诞生初期，我国的国产卫星就是一对"双胞胎"。20世纪70年代，为了应对未来航天任务急需的新技术，科研人员们进行了先期试验。在我国第一颗人造地球卫星东方红一号立项研制时，同步开展了专门用于科学探测与技术试验的专业卫星研制，以便开展对宇宙空间环境的探测与宇宙空间科学的研究。

自1970年开始，我国先后研制和发射了多颗科学卫星，以"实践"系列为主系列，例如实践一号、实践二号卫星群、实践四号及实践五号等，还有我国首颗微重力科学返回式试验卫星——实践十号。这些科学卫星初步组成了我国自有的"实践"系列科学探测与技术试验卫星组。

1. "实践"系列卫星

1971年3月3日，实践一号卫星在酒泉卫星发射中心发射升空，成功入轨运行。这颗卫星在轨工作8年，于1979年6月17日光荣结束使命，它的成功为我国设计和制造长寿命卫星提供了宝贵经验。

实践一号卫星不仅是我国"实践"系列卫星的第一颗，也是我国发射的第二颗人造卫星。实践一号的总体设计方案多处沿用了东方红一号的成功技术和经验，连外观都极为相似，远看就像是一对"双胞胎"！

实践一号直径为1米，外形为近似球形的多面体。与东方红一号不同的是，为了延长实践一号的使用寿命，同时测试太阳能电源系统和热控系统，以

及遥测系统的性能，实践一号的上下半球梯形面上各安装了14块硅太阳能板，另外28面贴有耐长期高能电子离子辐照的N/P型太阳能电池片。

实践一号的主要任务是测量高空磁场、太阳X射线、宇宙射线、外热流等空间环境参数。卫星上主要有两个载荷，分别是G-M计数器和铍窗积分电离室。前者用于探测宇宙线，后者用于探测太阳X射线。实践一号在轨工作期间，利用身上的G-M计数器探测到上空1300—1826千米、260—700千米范围，总计数率小于1粒子/秒，这是我国首次使用卫星获取空间物理数据！

实践一号在太空中工作了八年多，运行状态良好，不间断地向地面发回清晰的遥测信号。这在20世纪70年代发射的卫星中是非常罕见的，比它早发射一年的"双胞胎"卫星东方红一号只工作了28天。实践一号

实践一号

的可靠性令人欣喜，它为我国后续研制长寿命卫星提供了宝贵的经验，以"实践"命名的科学卫星后续相继升空，奔向遥远的太空，为我们继续探索那未知而美丽的宇宙空间。

继实践一号成功发射运行后，实践二号的开发研制也逐渐步入正轨。实践二号"三兄弟"分别为：实践二号卫星、实践二号甲星和实践二号乙星。

1981年8月20日，实践二号卫星组成功发射入轨运行，这是我国首次使用一枚运载火箭成功发射三颗卫星。

卫星拥有四块活动太阳翼和多个百叶窗。它们的主要任务有两项：一是探测空间物理环境参数，二是为卫星新技术展开试验。试验包括太阳能帆板为卫星仪器供电试验、自旋稳定及对日定向的姿态控制方式的效果性

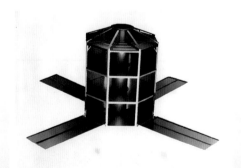

实践二号卫星示意图

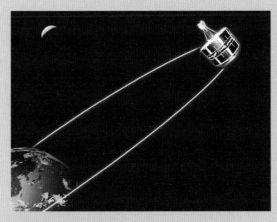

实践四号运行概念图

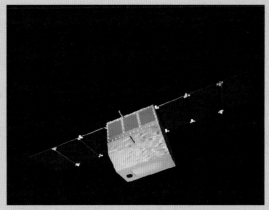

实践五号示意图

实践五号发射前调试

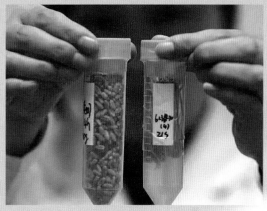

太空育种

试验、磁心存储器和延时遥测技术试验，以及使用多扇百叶窗调节整星温度试验等。

实践二号甲星是一颗电离层探测信标卫星，用于掌握外层空间电离层变化规律。

电离层探测：是指用直接或间接的探测方法，获得电离层物理参量及其变化规律。

实践二号乙星则是一颗无源雷达定标试验卫星，用于完成雷达校标工作。

无源雷达：是指一种不用发射机发射而是以接收温热物体或其他物体反射的微波能量达到探测目标的雷达。它是一种灵敏度极高的接收装置。与一般的有源雷达相比，无源雷达更隐秘，更难被定位。

实践八号育种卫星返回舱

实践八号拍摄的在太空发芽的植物图片

· 1994年2月8日，实践四号卫星成功发射入轨，运行于地球同步轨道。这是一颗勇于探测空间辐射环境及其效应的卫星。

· 1999年5月10日，以推出卫星公用平台为目标研制的实践五号卫星发射成功。

· 从2005年到2022年，我国数次发射"实践"系列科学卫星，种类繁多，任务从空间物理学研究到空间诱变育种试验各不相同。打开"实践"系列卫星的"行囊"你会发现，里面不仅有冷冰冰的测试仪器，还有蔬菜、水果、种子和谷物！但你不要误会，这些可不是送给航天员的口粮，而是

实践十号有效载荷装备完成

实践十号

实践十号返回舱

我们的科学家想知道在宇宙辐射失重的条件下，种子是否会变异，再用这些经历过太空旅游的蔬菜和水果培育出更优质的新品种。现在，太空育种已经在一定程度上得到了应用。

2.实践十号：太空中的超级实验室

· 2016年4月6日，实践十号卫星在酒泉卫星发射中心成功发射升空。这是一颗返回式科学实验卫星，在此之前我国已有十年没有发射过返回式卫星了！这颗卫星肩负着19项科学实验任务，涉及28项科学研究，同时代表着中国返回式卫星沉淀了十年的厚积薄发。因此，它的成败牵动着每一个航天人的心。

· 同年4月18日，实践十号返回式科学实验卫星成功回收，并为我们带回了丰硕的试验成果。

作为我国空间科学战略性先导科技专项中首批科学实验卫星里唯一的返回式卫星，实践十号是凝聚了我国航天科学领域顶尖智慧与创新的结晶，它的成功入轨运行意味着我国开启了微重力科学和空间生命科学研究的综合实验平台。

宇宙是一个非常完美的实验室，许多物理现象在地球上会受引力、重力、浮力、沉降等因素的制约。但太空环境是微重力（失重）的，当通过卫星平台将实验搬运到微重力状态下，我们就能够观察到地球上无法观测到的独特现象。

"极端物理条件下，物质的运动规律、物理化学过程、生命过程都可能发生变化，这就意味着重大科学突破的可能。"
——胡文瑞，实践十号卫星首席科学家

实践十号是一颗直径超过2米，高约5.2米，外形整体为柱锥合体的卫星。星体分为留轨舱和返回舱，在19项实验中，有8项流体物理和燃烧实验在留轨舱内进行，其他11项则在返回舱中进行。

进入太空的机会很宝贵，因此在实践十号上开展的科学实验都是当时科学界全新的探索，是其他国家没有开展过的，具备很强的创新性和科学研究价值。例如，探索微重力条件下哺乳动物的早期胚胎发育，这一研究为保障人类在太空中生存时的繁衍及发育健康提供了科学依据。

自古以来，人类一直怀揣着飞天之梦，想要飞出地球飞向那遥远璀璨的广阔宇宙。但是，由于地球拥有大气层，就像保护壳一样守护着人类的生存环境，因此大气层内外环境差异极大。这是人类想要迈向太空、探索太空，在与地球截然不同的宇宙环境里繁衍生息，就必须面对的问题。为了探索这个问题的解决方法，科学家们将小白鼠的胚胎细胞放在实践十号的胚胎培养箱里，观察在太空环境下小白鼠早期胚胎发育的过程，从中了解太空环境对哺乳动物胚胎发育的影响。

实践十号发射后，卫星上摄影设备会对胚胎培养箱进行实时拍摄，把图像传回地球，供科学家观察胚胎发育中的变化。当卫星返回后，样品会被取出，由科学家进行全方位的分析研究，对照地面实验组筛选出影响空间高等哺乳动物早期胚胎发育的相关基因线索，并有针对性地开展深入研究。

研究人员正在打开实践十号搭载的胚胎培养箱

实践十号搭载的植物培养箱

实践十号搭载的干细胞培养箱

不仅如此，实践十号还装备了许多有效载荷，例如负责试验煤粉在微重力下颗粒燃烧及其污染物生成特性的"煤燃烧箱"、用于多种空间熔体材料科学实验的"多功能炉"、负责研究空间辐射对基因组的作用和遗传效应的"辐射基因盒"，以及"家蚕培养箱"等试验设备，可谓是五花八门，极尽探索之能事。

实践十号上搭载的全部载荷如下：

微重力科学实验项目

名称	实验项目
蒸发对流箱	蒸发与流体界面效应空间试验研究
颗粒物质箱	颗粒物质运动行为——颗粒流体气液相分离空间试验研究
沸腾气泡箱	微重力沸腾过程中的气泡热动力学特征研究
毛细对流箱	热毛细对流表面波空间试验研究
胶体材料箱	胶体有序排列及新型材料研究
Soret试验箱	微重力条件下石油组分热扩散特性的研究和Soret系数的测量
导线特性箱	微重力环境电流过载下导线绝缘层着火烟的析出和烟气分布规律
煤燃烧箱	微重力下煤粉/煤粒燃烧及其污染物生成特性研究
非金属燃烧箱	典型非金属材料在微重力环境中的着火及燃烧特性研究
多功能炉	多种空间熔体材料科学实验

空间生命科学实验项目（全部回收）

名称	实验项目
生物辐射盒	空间辐射诱变的分子生物学机制
辐射基因盒	空间辐射对基因组的作用和遗传效应研究
家蚕培养箱	空间环境对家蚕发育的影响与变异机制的研究

空间生命科学实验项目（全部回收）	
名称	实验项目
植物培养箱	微重力植物生物学效应及其微重力信号转导研究
物质运输箱	微重力下细胞间相互作用的物质输运规律研究
高等植物箱	空间微重力条件下光周期诱导高等植物开花的分子机理研究
干细胞箱	微重力条件下造血与神经干细胞三维培养与组织构建研究
胚胎培养箱	微重力条件下哺乳动物早期胚胎发育研究
骨髓培养箱	微重力条件下人骨髓间充质干细胞的骨细胞定向分化效应及其分子机制研究

　　综上所述，我们不难发现，"实践"系列卫星的"兄弟"与遥感系列卫星有很大区别。"实践"系列卫星体态各异，各自拥有属于自己的专业领域和独特的任务，而遥感卫星则是互相接力、相互配合、协同执行任务的。别看"实践"系列卫星家族成员"各自为政"，它们每一位都为我国科学事业的发展立下了赫赫战功，丝毫不逊色于遥感卫星家族。这两大卫星家族在我国的空间科学与民用科学领域互助互益，并驾齐驱，共同为我们的"中国梦"增砖添瓦！

高等植物箱中的拟南芥，在太空中成功开花

第2节

量子科学卫星——"墨子"号

研究物质世界微观粒子运动规律的物理学分支被称为"量子力学",它与爱因斯坦的广义相对论并称为现代物理学的两大支柱,在各自的领域都取得了巨大的成功。但奇怪的是,这两个本应相辅相成的学科却是一对"欢喜冤家"。科学家在研究中发现,很多物理学规则一旦符合广义相对论,就无法适用于量子物理领域。如何让广义相对论与量子力学合二为一,就成了全世界物理学界始终在努力攻克的难题。

随着物理学的发展,许多物理学理论模型在深入探索中陆续诞生,但是由于受到环境限制始终缺乏试验检验的方法。在科学领域,无法让大家看到实际成果而只存在于概念中的理论只能称为"预言",是没有说服力的。例如,在量子加密领域,长距离传输纠缠光子的方法就一直是个"预言"。但是,困难无法阻挡我国科学家探索科学、追求真知的决心。在科学实验卫星飞速发展时期,通过"实践"系列科学卫星,我国科学家获得了许多在极端物理条件下完成试验的科学经验,向着科学巅峰加速奋力奔跑。"墨子"号量子科学实验卫星就在这一时期横空出世,扶摇直上!

2016年8月16日,我国首颗量子科学实验卫星"墨子"号在酒泉卫星发射中心发射升空,并与地面的世界首条量子通信干线"京沪干线"以量子通信方式相互连通,在人类历史上第一次实现了"天地一体化"的量子通信构建,为中国在世界量子通信领域奠定了领先地位!

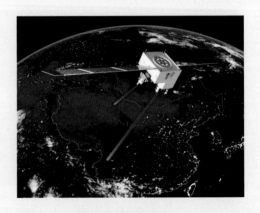

"墨子"号量子传输概念图

"墨子"号卫星是中国科学院空间战略性先导科技专项科学实验的首批卫星之一。它的主要职责是借助中国在太空中已经搭建好的卫星平台，进行星地高速量子密匙的分发实验，并且在此基础上进行广域量子密匙的网络实验，以及在空间尺度进行量子纠缠分发和量子隐形传态实验。"墨子"号卫星是以寻找量子物理学领域与广义相对论领域的互融应用方式为己任的实验卫星，中国科学界对它的期待颇高，期待能借助它来取得我国空间量子实用化的重大突破。

　　2022年5月，"墨子"号卫星实现了1200千米地表量子态传输新纪录！

1.量子纠缠：古怪又神奇

　　通过对"墨子"号卫星的初步了解，我们已经知道它主要是以量子纠缠为基础来进行量子通信实验的。那么，量子通信到底是什么呢？这个听上去玄之又玄的实验究竟是在做什么呢？

　　想要弄明白这些问题，我们首先要理解什么是量子纠缠。

　　量子是能表现出某个物质或物理特性的已知最小单元，是能量的基本携带者，不可分割，不存在"半个"。比如，当量子表现于光里，就称为"光的量子"，也称光子，指的是一定频率的光的基本能量单位。

　　科学家经过多年的研究发现，量子与量子之间存在一种固定的关系，它们如同一对心电感应极强的"双生子"，即便相隔万里也能同步喜乐。也就是说，两个或多个量子共同组成了量子态，触动其中一个粒子必然会引起其他粒子与其共

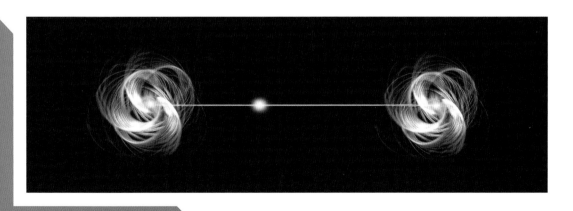

量子纠缠概念图

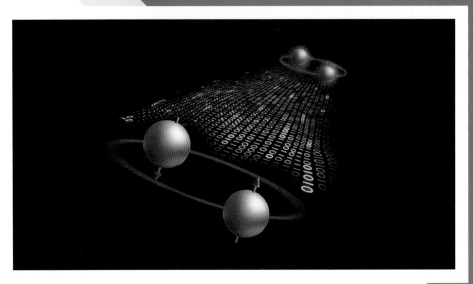

量子通信概念图

鸣，这种反应几乎是同步的，理论上认为它们能够无视空间、时间与维度进行共振。这种量子间鬼魅般的超距作用就是"量子纠缠"。

2.量子通信：给信息"绝对"的安全保障

早在1935年，爱因斯坦就提出了"量子纠缠"说。后来，量子力学的许多理论不断得到试验结果的支持，催生出许多重大发明，卫星定位系统就在其行列内，我们的手机短信实时发送和接收也是一种"量子纠缠"的表现。

量子如此重要，并可以被运用得如此广泛的原因在于它的不可复制性和双生粒子的特性。借助量子物理学的极端特性可以保证机密不被窃取，当密文被传送者以光子形式发送出去时，光子会以不同的偏振态来传递内容。这种密文一旦被拦截或有人企图窃听，光子就会停止继续运行，窃听者必须复制一个相同的光子继续发送。而光子是无法被完美复制的，它的复制体有四分之一的概率面目全非。这样一来，每拦截一个光子，窃密者就有四分之一的可能被发现，当一串密匙长达72个光子时，想要窃取光子密匙就如同掩耳盗铃！

由于通信保密是不可或缺的根本技术之一，世界各国都在力争掌握它。在"墨子"号卫星升空前，世界上的量子通信技术始终仰赖通过光纤或近地面自由空间的信息通道实现信息传递，这种方式远远没有看不见、摸不着的"量子纠缠"的安全系数高。

看到这里，"墨子"号卫星对于现代科学的开创性和重要性意义已昭然若揭。它的顺利升空标志着我国空间科学的研究迈出了一大步，也标志着人类对于量子物理学的研究正逐步脱离试验环境的限制，从理论走向实践，大踏步进入应用时代。从世界角度来看，在量子物理学界，"墨子"号卫星代替人类迈出了一小步，为未来可能到来的"量子革命"探寻到了一条路径。

3.以"墨子"之名

我国自研发卫星以来，大多数卫星都以某某系列命名，如"东方红"系列和"风云"系列。而量子科学卫星的名字如此特殊，它究竟有什么寓意呢？

如果对我国先秦时期诸子百家有所了解，那么，墨子的名号一定不陌生。墨子是春秋末期战国初期两大显学之一墨学的创始人及领导者。虽然墨家在历史上存在的时间仅至东汉，随后便隐没世间，但其学说中的先进思想与科学眼光，以及影响深远的哲学理念始终没有被历史的尘埃湮没。乃至今时今日，当我们翻开《墨子》，仍然能够找到一些后世科学理论的影子。不仅如此，依据《墨子》的记载，墨子早在两千多年前就已经提出类似最小能量携带单位"量子"的理论体系，当时他将"量子"称为"端"。

"非半弗斫，则不动，说在端。景到，在午有端与景长，说在端。可无也，有之而不可去。"

——《墨子·经下第四十一》

墨子，非王侯将相，却秉持兼爱、尚同的理念，指引着科技进步的方向。尽管《墨子》早已散落于世间，如今仅存残本，今人仍然能够通过这些篇章窥见墨家的科技成就及其科学思想。墨子的思想与行动，与我国科学技术领域的中心发展思想不谋而合，量子科学卫星冠以墨子之名恰如其分，这个名字凝聚着我国科学领域对"墨子"号卫星的深深期许！

第3节

暗物质粒子探测卫星："悟空"号

提到"悟空"，我们首先想到的肯定是大名鼎鼎的齐天大圣孙悟空，他通天贯地、降妖除魔，精通七十二变，那句响亮的"吃俺老孙一棒"让妖魔鬼怪闻风丧胆。一个筋斗能翻十万八千里，一双火眼金睛看透魑魅魍魉，他的机智勇敢、他的神通广大打动了一代又一代的《西游记》读者。

暗物质粒子探测卫星的研发团队曾说："它（"悟空"号卫星）是一只孤独的理想主义猴子！"

2015年12月16日下午，我国自主研发的暗物质粒子探测卫星"悟空"号成功发射升空。研发人员为它取名"悟空"，不仅仅赋予它深厚的期许，还传达出我国航天人渴望领悟、探索太空的深意，希望它能像孙悟空一般，眨着火眼金睛在茫茫太空之中识别出缥缈难见的暗物质。

"悟空"号暗物质粒子探测卫星，儿童绘画作品

1. 研制历程

2011年12月，暗物质粒子探测卫星于寒冬中正式立项启动。它是我国首颗空间天文卫星，研制目的是通过在空间观测高能电子和伽马射线能谱来寻找暗物质粒子存在的证据。

在物理学界，暗物质粒子的存在始终是一个存在于理论中的命题，从理论诞生到现

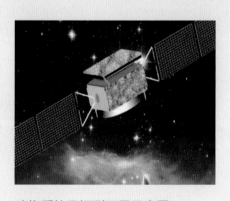

暗物质粒子探测卫星示意图

暗物质粒子探测器电性件桌面联试现场

暗物质粒子探测器鉴定件欧洲核子中心束流试验

"悟空"号发射升空

在，从未有证据证明宇宙空间中存在暗物质。暗物质在科学上的定义是：可能存在于宇宙中的一种不可见的物质，可能是宇宙物质的主要组成部分，但并不属于可见天体中任何一种已知的物质。

在宇宙空间科学观测中，科学家时常会发现疑似违反万有引力定律的现象存在。为了对这些现象做出解释，科学家便针对造成这种现象的可能原因提出了猜想，这就是暗物质理论的由来。

假设宇宙是一个圆圆的苹果，我们现在已知的物质只占整个苹果的5%，另有27%是暗物质，剩下的68%则是暗能量。为了找出暗物质，物理学界曾使用多种方式尝试探索，例如通过粒子加速器对已知粒子进行碰撞，试图撞出暗物质，但都没有成功。科学家们不得不放眼太空，期望或许在太空里能够找到答案。

由此可知，想要探测到暗物质何其艰难，我们不知道它在哪里，可它又无处不在。"悟空"号卫星为寻找暗物质启程，与孙悟空随着唐僧前往西天求取真经一样，都是为了信念一往无前。

为了能完成"取得真经"的任务，在"悟空"号卫星研究方案的

阶段，科研团队进行了数次联试，经过试验和筛选，最终确定了"悟空"号卫星的有效载荷——暗物质粒子探测器的设计方案。在这期间，科研团队完成了大量艰苦工作，包括：通过载荷各分系统方案设计确定载荷与卫星接口、有效载荷电性件研制和集成测试、欧洲核子中心的束流试验、载荷结构件研

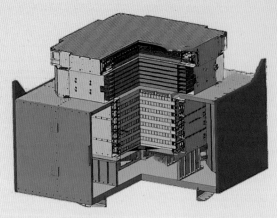

"悟空"号机械示意图

制和结构力学试验，以及载荷关键技术的攻关试验等。经过一年的潜心设计、研制，"悟空"号卫星从方案研究初步进入卫星初样研制阶段。

经过为期四年的试验和探索，"悟空"号卫星整星完成正样飞行件所有单机研制和各项环境可靠性测试，终于正式交付，于2015年发射升空，成为我国空间科学先导专项的首发星。经过七天的运行，卫星上的有效载荷进入测试阶段，收获了首批科学数据！

2. 火眼金睛：怎样探测暗物质

既然暗物质无法被观测，我们该如何探测到它呢？这就要靠"悟空"号卫星的"火眼金睛"——卫星上有效载荷的能力了！

曾有多种天文观测结果，如盘状星系的旋转曲线、星系团的X射线辐射、引力透镜现象等，都显示了暗物质的存在。此外，暗物质的碰撞可能产生能观测到的粒子光束，如伽马射线等。"悟空"号卫星上搭载的有效载荷由四个子探测器和载荷数管构成。其中，塑闪阵列探测器、硅阵列探测器、BGO（锗酸铋晶体）量能器、中子探测器这四个子探测器协同合作，共同来完成科学目标及探测任务。

塑闪阵列探测器（PSD）

这是一种用于区分入射高能电子（带电粒子）和光子（光的量子、非带电粒子）的探测器。这些高能电子的亮度是一般电子的一万亿倍以上。该探测器能够鉴别入射高能重粒子的种类，使用两端配备的光电倍增管将光信号转换为

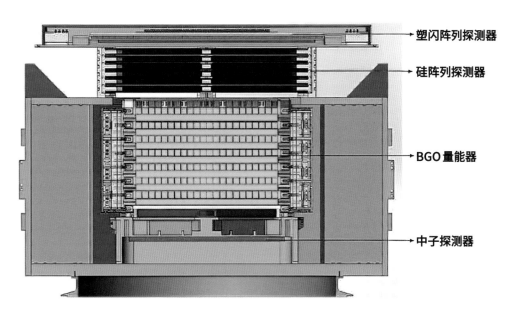

塑闪阵列探测器

硅阵列探测器

BGO 量能器

中子探测器

"悟空"号核心组成示意图

电信号再进行进一步的处理。

硅阵列探测器（STK）

这是一种采用高位置分辨率的硅微条探测器，主要用于测量入射粒子的运动方向，以便区分电子（带电粒子）和伽马射线（非带电粒子），同时用于测量高能核素。它的内部装备有能够转换伽马射线内光子的转换介质，可以区分伽马光子与一般电子。

BGO 量能器

这是一种全吸收型的电磁量能器，用于测量宇宙线粒子，尤其是高能电子和伽马射线的能量。它还能根据强子簇射和电磁簇射展开方向的不同而进行粒子的鉴别，以剔除那些不需要研究的粒子。

中子探测器（NUD）

与BGO量能器相似，中子探测器也是用于测量宇宙线的仪器，区别在于它所测量的是宇宙线中的强子（质子）以及强子与中子探测器上层物质发生作用产生的次级中子，然后根据这些中子在探测器中的能量沉积来判断入射粒子的类型。它是作为BGO量能器的辅助探测器使用的，继BGO量能器之后再进一步区分质子和中子。

3. "取经"初进展

2017年，行进在"取经之路"上的"悟空"号卫星取得了重大突破。中国科学院公布，"悟空"号卫星在太空中测量到一组宇宙射线中的电子异常波动。这是前所未有的发现！

"悟空"号卫星传回的能量波谱数据显示，在1.4万亿电子伏的超高能谱段中，有一处剧烈的波动，呈现出一个"尖峰"，这意味着我们发现了一个全新的物理现象。在物理学与天文学中，任何一点进步都是极为可贵的，新的发现更可能具有颠覆性的意义。

"悟空"号卫星传回了世界上最精确的TeV（万亿电子伏）电子宇宙射线能谱，它带来的发现是开创性的，尽管暂时不能确定这就是人类科学界苦苦追寻的暗物质存在的证明，但极有可能与暗物质相关，是近年来人类距离暗物质最近的一次重大发现，或许我们按图索骥，就能够打开人类观测宇宙的一扇新窗口！

北京时间2017年11月30日,《自然》杂志首次在线发表中国科学院暗物质粒子探测卫星"悟空"号的探测成果:"'悟空'号的科研人员成功获得了目前世界上最精确的高能电子宇宙射线能谱。"在"悟空"号530个日夜的记录中,中国科学家发现了一些此前从未预测到的迹象:电子宇宙射线能谱在1.4万亿电子伏处出现了一个尖峰!他们推测,这种异常来自宇宙中"质量为1.4万亿电子伏左右的新物理粒子",可能就是长期以来寻找的暗物质;或者来自某种奇特的天体,它能加速出单一能量的高能电子。

这是自2015年12月17日"悟空"号成功发射以来,中国科学家第一次利用自己的卫星,在全世界首次发现了可能存在的暗物质。

这一成果是粒子物理或天体物理领域的开创性发现,增强了我们用"悟空"号的"火眼金睛"继续探索宇宙、发现秘密的信心。

自2017年以来,"悟空"号卫星多次延期服役,并取得了科学进展。它相继在电子、质子、宇宙线测量等方面取得了突破性的发现,标志着我国高能粒子探测研究已经跻身于世界最前列。从发射至今,"悟空"号卫星已经是一颗"高龄"卫星了,它积累了大量的高质量数据,有望测出不同宇宙线核素能谱的拐折能量,对于揭示高能宇宙线的加速机制和星际介质的互相作用等物理问题,"悟空"号将提供更多可供研究的信息!

"花费小,本领大,测得准,看得远。"这12个字是对中国科学卫星的极高评价。"悟空"号卫星因此被认为是最"经济适用"的卫星,别看它的能力神乎其神,但其项目耗资不到1亿美元,相比其他国家那些造价动辄数亿甚至数十亿美元的暗物质探测卫星,"悟空"号卫星堪称"物美价廉"的典范。

两次延寿运行并没有影响"悟空"号卫星的状态,目前探测器工作状况良好,仍在不断地积累和传回观测数据。随着数据的进一步累积和分析,在未来,"悟空"号卫星有望取得更多重要的科学成果,为最终揭开暗物质的面纱和高能宇宙线的起源、加速之谜做出更多贡献。

"我一定会取回真经的!"

2016年,暗物质粒子探测卫星"悟空"号的研制团队曾以第一人称视角这样说道。

4. 宇宙射线成果发布

　　2021年5月18日,《物理评论快报》在线发表了"悟空"号合作组对宇宙射线氦核能谱的精确测量结果。这一最新能谱覆盖了超过3个数量级的能量范围,并揭示出能谱拐折结构。它与"悟空"号合作组2019年发表的能谱非常类似,而且,二者拐折位置的能量比都近似于其电荷比,预示着它们具有共同的起源——邻近地球的某个宇宙线加速源,拐折能量对应其加速上限。美国物理学会官网这样评论:"'悟空'号卫星给出了迄今对银河系宇宙射线最精确的测量,并发现了新的能谱结构,有助于揭示银河系宇宙射线的起源。"

　　随着"悟空"号卫星的持续运行,数据积累与分析的不断深入,有望在后续的观测中取得重要进展,为宇宙射线物理带来新的认知。

其他科学探测卫星

鉴于卫星试验在科学领域的助益作用强大，各学科尤其是物理学科对科学卫星的应用需求逐渐增加。我国的科学卫星除"实践"系列卫星与"墨子"号、"悟空"号之外，还有多颗后辈也相继升空，如张衡一号、"慧眼"号等。它们分为地球科学卫星、空间天文卫星与空间基础物理卫星三大类。

1. 地球科学卫星

地球科学卫星是用来观察人与自然如何交互的一双"天眼"，它的主要应用范围是自然科学领域，例如观测地震发生与空间电磁之间的相关性、探索人类可持续发展、监测城市热能分布等。我们可以认为，地球科学卫星的存在就是帮助人类换个角度认识地球，了解那些我们在日常生活中关注不到的事。

地球科学卫星的代表星之一是张衡一号。我们都知道张衡发明了地震仪，是古代中国地震灾害预测方面的伟大奠基人。张衡一号卫星的主要任务正如它

张衡一号在轨示意图

张衡一号

的命名，是一颗利用空间电磁监测体系探索地震预测新方法的卫星。张衡一号卫星装载着高精度磁强计、感应式磁力仪，能够获取全球电磁场、电离层等离子体、高能粒子观测数据，辐射测试范围包括中国及周边区域，能够开展电离层动态实时监测和地震前兆的跟踪预警。

2018年2月2日，张衡一号卫星成功发射升空，实现了南北共轭观测，并为我国获取首批完全自主产权的全球地磁场观测数据。

地球科学卫星的另一位代表星是可持续发展科学卫星1号（又称"广目"卫星）。这是一颗年轻的卫星，于2021年11月5日发射升空并入轨运行，2022年7月18日正式交付使用，开展科学应用研究工作。它是全球首颗专门服务于联合国2030年可持续发展议程的科学卫星，在未来，其数据产品将面向全球共享。可持续发展科学卫星1号的主要任务是跟踪"人类活动痕迹"并进行精细刻画。星上搭载的热红外成像仪能够精细探测陆地表面与海表温度、城市热能分布等。

2. 空间天文卫星

空间天文卫星是人类用来拓展对宇宙认知的卫星种类，我们的老朋友"悟空"号卫星就属于这一类卫星。下面，我们来认识一下这个家族的另一位成员——"慧眼"号卫星。

2017年6月15日，我国首颗硬X射线调制望远镜卫星——"慧眼"号发射升空。"慧眼"号卫星是宇宙射线的"捕猎者"，它装载着高能、中能、低能X射线望远镜和空间环境监测器共四个有效载荷。在成功入轨运行后，慧眼如炬的它陆续收获重大科学成果：观测到双中子星并合引力波事件、观测到黑洞双星爆发过程全景、第24太阳活动周的最大耀斑的高能辐射过程等。另外，它还直接测量到宇宙最强的磁场、发现距离黑洞最近的相对论喷流等，证实了首例与快速射电暴同时发生且来自磁场极强的中子星的X射线暴。

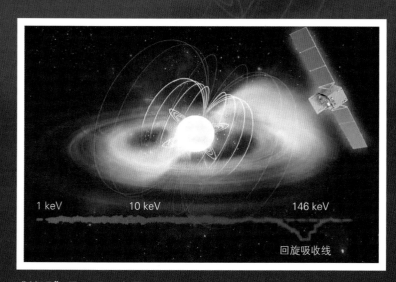

1 keV   10 keV   146 keV

回旋吸收线

"慧眼"号卫星示意图

　　"慧眼"号卫星对于我国科学事业的贡献不亚于"悟空"号卫星，它们分别在自己的专业领域持续发光、发热。

3. 空间基础物理卫星

　　在卫星行列中，空间科学实验卫星有着无法替代的地位和作用，它们通常身体健壮，负责把实验室背上茫茫太空。同时它们还是"工程师"和"开发者"，为人类研究发生在日地空间、星际空间乃至整个宇宙的生命、

化学、物理学现象而忙碌着。"墨子"号暗物质粒子探测卫星和实践八号育种卫星就在此行列中！

太极一号是一颗微重力技术实验卫星，它搭载着激光干涉仪和引力参考传感器，完成了国际首次微牛量级射频离子和霍尔两种类型电微推技术的全部性能验证，实现了我国两种无拖曳卫星控制技术的突破。

2019年8月，太极一号卫星成功发射升空。同年12月，同样搭载着激光干涉仪等设备的天琴一号卫星也在太原卫星发射中心发射升空。天琴一号卫星的任务是，根据太极一号卫星传回的试验成果，经过分析和总结，进一步开展在轨验证。运行期间，天琴一号卫星获得了全球15阶地球重力场模型、全球重力异常分布网格图、全球大地水准面高分布网格图，并形成了全球重力场数据科学报告。

2020年12月，引力波暴高能电磁对应体全天监测器卫星怀柔一号成功发射。这颗卫星采用双星共轭轨道的星座布局，两颗卫星同时分布于地球两侧，将对大气层外随时发生的引力波伽马暴、快速射电暴、特殊伽马暴等高能天体爆发现象进行多角度全天监测。其目的在于破解黑洞的奥秘、跟踪中子星等致密天体的形成和演化过程。

太极一号

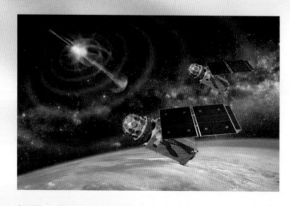

怀柔一号

尾 章

前路漫漫，求索不止

跟随着中国卫星发展的足迹，我们一路走来看遍漫天风景；透过科学卫星的慧眼，一睹光年之外的星辰风貌；借用遥感卫星的双耳，聆听万里之外地球另一端的声音。

从几千年前中国古代星相学密而不传的《步天歌》唱透星宿变换，到1970年我国第一颗人造地球卫星在东方如晨星般冉冉升起，再至今日我们能从大荧幕上看见不停旋转着的蔚蓝地球，亲眼看见那些存在于遥远歌谣里的辰宿列张。光阴如梭，中华民族千年以来的探索苍穹之旅从未停歇。

中国航天的卫星之路已跋涉五十余年，探索浩瀚宇宙、发展航天事业成为中国航天人始终如一的坚定初心。多年的坚持不懈换来了应得的荣光，在世界科技蓬勃发展的当下，中国卫星在世界航天领域已位居前列，走出了一条适合本国国情、具备中国特色的发展道路。

逐渐进步的关键技术和持续提升的航天工业基础能力，正在为卫星的发展添砖加瓦，我们的卫星勇士始终英勇地备战在一线，向着如北斗导航、高分观测、星链网络与外星探索等任务目标大步前进。

"路漫漫其修远兮，吾将上下而求索。"回望最初，再放眼未来，你听，正如五十余年前一样，这仍是所有中国卫星勇士与中国航天人共同的心声！

下篇 探月

序 章

碧海青天夜夜心

　　"小时不识月，呼作白玉盘。"诗仙李白凭借殷实的家底和超群的诗才，为我们描摹出月亮皎白唯美的模样。神话传说中嫦娥独吞仙药，抛弃相爱的后羿，独自奔向月亮，个中缘由说法各异，至今还是个未解之谜。《西游记》里冷冷清清的广寒宫，总是眉头轻蹙的美丽仙子，日复一日地做着同一件事的玉兔和吴刚，激发了我们望月的初心。

　　所以，月亮究竟是什么样子？是如李白笔下的白玉盘一般光滑皎洁？还是藏着数不胜数的令人心动的宝贝？又或者真的存在一座仙气飘飘的广寒宫，有着貌美的仙子、捣药的玉兔、飘香的桂树和受罚的吴刚……无数个夜晚，我们仰望月亮，好奇心越来越重。于是，苏轼说："明月几时有，把酒问青天。不知天上宫阙，今夕是何年。"李商隐说："云母屏风烛影深，长河渐落晓星沉。嫦娥应悔偷灵药，碧海青天夜夜心。"张若虚说："江畔何人初见月？江月何年初照人？"大朋友和小朋友们说："我什么时候可以到月亮上走一走呢？"

　　2004年，中国国家航天局启动了探月工程，向传说中的月宫求索梦的限度。为了"探清"月亮之上的桂树与玉兔，我国探月工程被命名为"嫦娥"，带着梦想与祝福，向月亮奔去。嫦娥工程一期，中国首次有目的地向月球发射了探测器，并完成了在月表着陆探测的任务。2007年，搭载嫦娥一号卫星的长征三号运载火箭成功发射，我国成为亚洲第一个月球卫星发射国。2008年，嫦娥二号卫星顺利发射，完成了多项科学任务，同时还拍摄了月表高清影像和全球首张月球背面彩色影像。嫦娥一号和嫦娥二号均圆满完成任务，标志着中国探月工程取得了突破性的进展，为后续工程奠定了基础。嫦娥三号和四号分别在月球的正面和背面着陆，二期工程圆满收官。到三期工程时，航天人不负众望，将碧海青天熔炼，于2020年11月24日4时30分，成功发射探月工程嫦娥五号探测器，开启了中国首次地外天体采样返回之旅，对月球进行了一次有去有回的拜访。嫦娥五号带回的月壤样品，已经无偿分享给多国科学家，科研硕果累累。目前，探月四期工程已经启动，我国将建立国际月球科研站基本型，为科学家在月球建家园，为真正的当代月宫铺下基石。

　　嫦娥奔月，不再是神话。

　　敢于问天，中国的航天梦，将会抵达更远。

第一章 念念不忘

千年遥观，不愿止步留名而已

第1节

地月双星，相伴须得相知

　　月亮的学名叫作月球，距离我们38万千米，是地球唯一的天然卫星，也是距离地球最近的天体。因为它与地球的关系在太阳系中极为特殊，天文学上专门将地球和月球称为"地月系统"，并把它们作为一个整体展开研究。

　　那我们为什么要了解月球呢？

　　首先，月球可以是我们的天然实验室与特殊材料生产基地。由于月球的地理结构特殊，具有高真空、低重力的特殊环境，很多在地球上进行不了的研究与实验都可以在月球上顺利完成，这对植物栽培、医学研究、金属研发将起到意想不到作用。

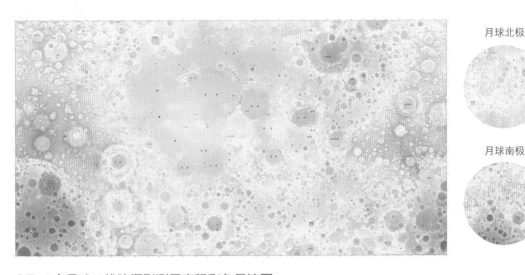

月球北极

月球南极

CE-1全月球三线阵摄影测量高程彩色晕渲图

分层设色表

10000m
7500m
5000m
2500m
0m
-2500m
-5000m
-7500m
-9170m

　　CE-1全月球三线阵摄影测量高程彩色晕渲图是利用数字高程模型制作而成的，空间分辨率为500米，平面中误差为192米，高程中误差为120米。图中颜色表示月表高程信息（见分层设色表）。左侧为南北纬70度之间的数据，采用正轴等角割35度墨卡托投影；右侧为南北极区数据，包括南、北纬60度到90度区域，采用等角70度方位投影

玉兔二号月球车

　　其次，月球可以是我们的新能源矿产补充库。我们可以用月球特有的能源和矿产，为地球资源做补充和储备。比如，目前核聚变研究的原料氘和氚在反应时会污染环境、影响人体健康，但月球上有一种原料——氦的同位素氦-3，能在核聚变反应中释放巨大能量，而且几乎没有放射性污染，被认为是21世纪人类社会的完美能源。月球上存在着大量的氦-3，据科学家们的初步估算，大约有几百万吨，可供人类使用一万年以上。另外，由于月球上的太阳辐射强，每年可产生12亿千瓦的能量，在月球上建立太阳能发电站可能成为人类获取新能源的途径之一。

　　最后，月球可以是人类探测深空的中转站。也许在不久的未来，我们会拥有自己的月球基地。月球环境特殊，几乎没有大气层和磁场，且具有弱重力场和稳定的地质构造等特征，所以从月球上发射深空探测器比直接从地球上发射要容易得多。另外，我们不仅可以在月球上对深空进行全方位的天文观测，还可以反过来观察、监测和研究地球的地质构造和环境变化。月球可以成为地球的第一道太空防线，在发现小行星、彗星等小天体朝地球"冲"过来的时候，我们可以像科幻电影里演的那样，及时利用激光或其他武器摧毁这些"天外来客"，或者改变它们的运行方向，从而保护地球。

藏在月球背后的中国元素

回望中国人的探月之路，不仅有嫦娥奔月、吴刚伐桂等神话传说，历史上多位古人也做出了种种勇敢的尝试。前有战国时期的石申，制作了迄今为止发现最早的恒星表；后有东汉张衡，发明了可飞行的木鸟；南北朝的祖冲之、元朝的郭守敬编制天文历法；再到明朝万户官陶成道想利用火箭登天，将千百年来人们的飞天梦想付诸行动。国际天文学联合会十分认可他们的成就，在1967年到1981年间，陆续以他们的名字命名了月球背面的五座环形山，以示纪念。

石申是战国中期的天文学家。他撰写了《天文》八卷（后世尊称《石氏星经》），这是中国最早的星表，后与甘德的《星占》八卷合称《甘石星经》。星经，也就是星表，是把测量出的多个恒星的坐标和特性汇编起来的图谱，是天文学上的一种重要工具。《甘石星经》就是根据黄道附近恒星位置和它们与北极的距离绘制而成的，在世界天文史上具有特殊的地位。为了纪念石申的功绩，1970年，国际天文学联合会将月球背面的一座环形山命名为"石申环形山"。

张衡是东汉时期的天文学家、数学家、发明家、地理学家、文学家，为中国天文学、机械技术、地震学的发展做出了杰出的贡献，后世称他为"木圣"（也叫"科圣"）。除广为人知的地动仪之外，张衡通过观测和记录2500颗恒星，创制了世界上第一架能够比较准确演绎天象的漏水转浑天仪，还制造出了能飞行数里的木鸟。在天文学方面，他睿智地指出了月球本身并不发光，月光其实是日光的反射；正确地解释了月食的成因，认识到行星运动的快慢与距离地球远近之间的关系及宇宙具有无限性。1970年，国际天文学联合会在月球背面命名了一座"张衡环形山"。

祖冲之是南北朝时期的天文学家、数学家。他是世界上第一个把圆周率精准推算到小数点后7位数的人，在此基础上他编制了较《元嘉历》更为精准的

《大明历》。在我国天文学史上，他第一次提出"交点月"概念，即月亮相继两次通过黄道的同一交点的时间长度为27.2123日，与现在的推算值相差不到1秒。这对预报日食、月食有着重要意义。1967年，国际天文学联合会在月球背面命名了一座"祖冲之环形山"。

郭守敬是元朝的天文学家、数学家、水利工程专家。他历时四年奉命修订并推出了通行360多年的《授时历》，《授时历》为当时世界上最先进的一种历法。1981年，国际天文学联合会在月球背面命名了一座"郭守敬环形山"。中科院国家天文台也将国家重大科技基础设施LAMOST望远镜命名为"郭守敬天文望远镜"。

陶成道在元朝末年利用火器技术帮助朱元璋打天下，被明太祖赏封"万户"。传说他把47支火箭绑在椅子上，手握风筝，准备飞向天空，不幸的是火

月球背面图

箭爆炸，万户也为此献出了生命，但他仍被后人尊称为"世界航天第一人"。
1969年，国际天文学联合会以陶成道的官名在月球背面命名了一座环形山为
"万户环形山"。

　　截至2021年，月球上共有35个以中国元素命名的地形单元，其中包括3
个着陆点、22个环形坑、2条月溪、5个卫星坑和3条山脉。这些以中国元素
命名的月球地名，代表了国际社会对中国在月球与深空探测领域所取得成绩的
认可，也是中国人探索深空、发现宇宙奥秘的勋章。

第二章 必有回响

数十年如一日，终得上九天揽月

第1节

以梦为始，规划蓝图

1970年，我国第一颗人造地球卫星"东方红一号"发射成功，拉开了中国人探索深空奥秘、和平利用太空、造福人类的序幕。

1978年，中国收到一块来自国外的1克重的月球岩石样品。1克有多重呢？大概就是1颗花生米或者2颗黄豆的重量。后来，这1克月球岩石被分成了2颗"黄豆"，一颗"黄豆"珍藏在北京天文馆向公众展出，另一颗则交给了天体化学专家，当时还是一名研究员的欧阳自远用于科学研究。

凭借仅0.5克重的月球岩石，欧阳自远和他的科研团队经过4个多月的研究，发表了14篇相关论文，得到国外专家"我们什么都没说，你全知道了"的称赞。尽管收获颇丰，但是依靠别国的探测成功得来的数据还是太有限。我国的科学家们一直在期盼：什么时候我们自己可以到月球上看一看、走一走，开展自己的月球探测活动，掌握第一手的月球研究资料。

经过数十年的论证研究，2004年，中国探月工程正式启动，欧阳自远被任命为中国月球探测工程首任首席科学家，与总指挥栾恩杰、总设计师孙家栋一起组成了探月工程著名的"三巨头"。

万事开头难。此前我国发射的卫星都是绕着地球飞行，距离地面最远不超过8万千米，而卫星要实现绕月飞行，距离地面得有38万千米。那我们该怎么把探月卫星送进月球轨道？该怎么测控指挥让探月卫星"听话"？总设计师孙家栋提出，我们要独立研制、独立制造、独立实验，打造一张探月工程的"中华牌"。

第2节

长征万里，嫦娥奔月

讲到怎么把卫星送上天，就要讲讲我们的"司机"——火箭的原理了。

虽然火箭和飞机都能够飞上天，但原理截然不同。飞机升空依靠的是空气动力，像一只鸟的翼型设计可以帮助它在具有一定速度和迎角时，获得"浮起来"的升力。火箭升空则是依靠发动机喷气后获得的反作用力，其工作原理是牛顿的第三运动定律——相互作用的两个物体之间的作用力和反作用力总是大小相等，方向相反，作用在同一条直线上。举个例子，我们在滑冰场上推小伙伴的时候，我们自己也会往后退，这就是反作用力。火箭贮箱内的燃料燃烧产生炽热的气体，通过火箭尾部喷管向下快速喷出，这股向下喷出的气体就会产生向上的反作用力，只要这股推力大于火箭的重量，火箭就能起飞了。

想要让探月卫星准确地抵达计划好的月球轨道，火箭不仅要飞起来，还得学会转弯。那么怎么让火箭转弯呢？飞机转弯靠的是空气舵，火箭转弯靠的则是燃气舵。燃气舵位于发动机尾喷管处，能够适当改变火箭尾焰的方向，通过改变向后喷气的方向，从而改变火箭获得的反作用力方向，让火箭转弯。

在我国众多系列的火箭家族中，探月卫星"嫦娥"拥有与自己相匹配的火箭家族——长征三号系列运载火箭，它们成功地将嫦娥一号至嫦娥四号送到了预定轨道。

长征三号系列运载火箭家族由长征三号甲、长征三号乙、长征三号丙三种大型低温液体运载火箭组成，包揽了目前我国所有高轨道航天器的发射任务，是长征系列运载火箭高强密度发射的"主力"，也是我国目前高轨道上发射次数最多、成功率最高的火箭系列。因此，它被誉为我国航天发射任务的"金牌火箭"。

第3节

漫漫征途，步步为营

　　嫦娥一号是我国探月工程的第一颗绕月卫星，除借用火箭把卫星发射到太空之外，还有五道核心技术难关需要攻克：

　　1.轨道设计技术，让卫星能够围绕月球转动而不是被别的星球"吸走"；

　　2.天线技术，提高远距离测控精度，让卫星在遥远的月球轨道也能够听到地球的指令并做出相应的动作；

　　3.紫外月球敏感器，让卫星能够"感知"到月球；

　　4.三体定向技术，让卫星能够同时向太阳、地球、月球三个方向定向，不会迷失在茫茫宇宙中；

　　5.温控技术，让卫星能够适应太空的冷热温度，既不被"烧坏"，也不被"冻伤"。

　　关关难过关关过，前路漫漫亦灿灿。我们的科研工作者无惧艰难，坚定信念，朝着我们的"登月梦"一步一个脚印，走出了独属于中国的探月之路。

3.1　理论科研先行，攻克技术难关

· 1991年，我国航天领域专家提出要开展月球探测工程。

· 1995年，来自航天科技集团有关研究院和中国科学院的专家学者，围绕"我们为什么去月球""我们去月球干什么""我们怎样去月球"等问题，详细地进行了论证。

· 1998年，相关研究单位和部门组织许多相关专家与研究人员，对开展中国月球探测的可行性和必要性及科学目标进行了系统的分析与研究，并开始了先期科技攻关。

- 2000年8月，在国防科工委的组织下，由王大珩等九位院士和总装备部、航天科技集团、科技部、中科院和高等院校的五位专家组成评审组，对中国科学院提出的"月球资源探测卫星的科学目标与有效载荷"进行了论证评审。
- 2001年，由中国科学院相关单位组成的专家研究小组成立，在论证评审结果基础上开始了一些关键技术（如有效载荷）的攻关和地面应用系统等的研究工作。
- 2001年10月，中国月球探测计划项目立项，并于2002年3月，向国家提交"月球资源探测卫星工程可行性"的立项报告。
- 2003年4月，国家航天局宣布正式启动月球探测工程的预先研究。

3.2　一人难挑千斤担，众人能移万座山

　　月球探测工程涉及的工作环节多、链路长，多个工作小组分项攻克技术难点，环环相扣，协同绘制出了第一颗探月卫星的草图。

- 2004年1月，中国月球探测一期工程正式启动，各项工作进入工程实施阶段。
- 2月，绕月探测工程领导小组召开第一次会议，会议通过了《绕月探测工程研制总要求》，同时将工程命名为"**嫦娥工程**"。
- 4月，嫦娥一号绕月卫星通过了初样详细设计评审，卫星转入初样研制阶段。
- 6月，卫星发射场系统总体技术方案制定完成。
- 7月，地面应用系统设计方案制定完成。
- 8月，测控系统总体设计方案制定完成。
- 11月，绕月探测工程领导小组召开第二次会议，审议并批准工程转入初样研制阶段。
- 12月，测控系统补充18米天线总体技术方案制定完成。
- 2005年6月，嫦娥一号卫星月食问题得到解决。
- 11月，嫦娥一号完成了初样研制工作。
- 12月，嫦娥一号通过了整星正样设计评审，卫星转入正样研制阶段。

3.3 纸上得来终觉浅，绝知此事要躬行

随着画在纸上的设计图慢慢变成了实物，生产、检测、组装、再检测……嫦娥一号在实验室内慢慢成形。在室外，各项配套设施有条不紊地进行着测试与试验，协同发力，一起为圆梦而冲刺。

- 2006年5月，发射场适应性改造与建设验收完成，测控系统则利用欧洲航天局SMART-1卫星开展综合测轨试验，试验内容主要针对统一S波段（USB）航天测控网与甚长基线干涉测量技术（VLBI）。
- 7月，地面应用系统昆明地面站40米天线通过验收。
- 8—9月，完成卫星系统与地面应用系统正样对接试验、卫星系统与测控系统正样对接试验。
- 10月，地面应用系统密云50米天线通过验收。
- 11月，整星热平衡与热真空试验完成，星箭对接、分离试验完成。
- 12月，月球探测工程中心组织各系统开始进行"两个百分之百"的复查、复审、反思、质疑活动。
- 2007年1月，长征三号甲运载火箭完成出厂测试，嫦娥一号卫星通过了月球探测工程中心和航天科技集团的联合评审。
- 2月，嫦娥一号卫星的发射窗口确定调整为2007年下半年。
- 5—6月，嫦娥一号卫星任务1:1全过程演练完成。
- 8月，嫦娥一号进发射场。
- 10月，搭载着嫦娥一号的长征三号甲运载火箭在西昌卫星发射中心发射成功，嫦娥一号按照预定计划顺利入轨。

第三章 探月第一步

——绕着月亮转圈圈，拍下月球全景图

嫦娥一号示意图

　　根据我国探月工程的"三步走"战略规划，我国前后成功发射了五枚"嫦娥"探测器，五"姐妹"不负所托，均如期圆满地完成了工作任务。

　　第一步的绕月探测工程由绕月探测器、运载火箭、发射场、测控和地面应用五大系统组成，历经技术研究、方案论证、初样研制、正样研制和发射实施五个阶段。这是一场既没有经验也没有退路的全新挑战，整个工程涉及几十项技术攻关、上百家科研院所、上万名科研人员，群策群力只为了能顺利完成心心念念的月球征程。

　　首先我们要讲的是"嫦娥家族的大小姐"——"嫦娥一号"的故事，这也是探月时代正式开始的起点。

嫦娥一号小档案

我们的第一颗探月卫星，以古代神话人物命名，叫作"嫦娥一号"。探月工程第一期，我们最想知道什么？最想实现哪些技术突破呢？

从科学角度来看，我们的目标是获取全月面三维影像——先给整个月球拍个照，才能更好地了解月球的地质构造和演化历史；对月球表面的元素，即具有开采价值的元素进行探测，初步编制各元素的月面分布图，制作一份未来能用得上的"寻宝图"；探测月壤特性，获取月壤厚度的全月分布特征，研究月表有多大"年龄"，以及月球是怎么"长大"的；估算月壤中氦–3的分布和资

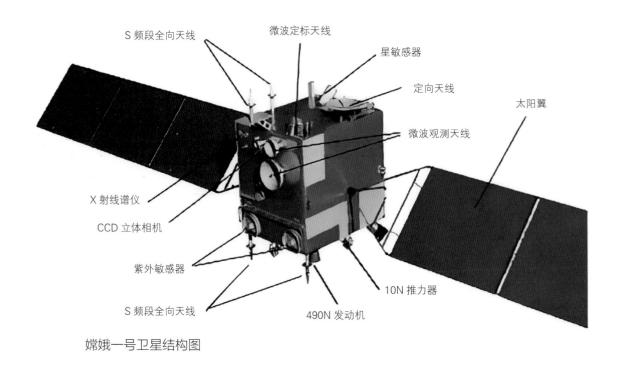

嫦娥一号卫星结构图

嫦娥一号卫星CCD立体相机

源量，看看"月球宝藏"有多厚实；探测
地月空间环境，研究太阳活动对地月空间
环境的影响。

从技术突破的工程目标来看，更多的
是掌握新技术，完成从0到1的突破：研
制和发射我国第一颗月球探测卫星、初步
掌握绕月探测基本技术、首次开展月球科
学探测、初步构建月球探测航天工程系
统、为月球探测后续工程积累经验。

嫦娥一号是个金黄色的立方体，总重
量约为2350千克，尺寸为2000毫米×
1720毫米×2200毫米，太阳能帆板展开
长度为18米。

这位长着"翅膀"的"嫦娥"身上一
共搭载了八种有效载荷，以供它开展全局
性、普查性的月球遥感探测。

第一个是立体相机（CCD），它能够
获取月球表面三维立体图像，像元分辨率
可以达到120米。

激光高度计探头和电路箱

第二个是激光高度计（LAM），用于测量月球表面到卫星的高度，可以帮助我们获得月球表面的三维影像。它的主要原理是通过星上激光高度计，测量卫星到星下点月球表面的距离，为光学成像探测系统的立体成图提供修正参数；通过地面应用系统将距离数据与卫星轨道参数、地月坐标关系进行综合数据处理，来获取卫星星下点月表地形的高度数据。

　　第三个、第四个、第五个都是用来探测不同物质化学元素的好帮手，它们分别是X射线谱仪、GRS干涉成像光谱仪（IIM）。X射线谱仪（XRS）用于探测月表不同元素或天然放射物质发出的特征X射线，获得不同能段X射线的能谱。γ射线谱仪能够获取全月表有用元素的丰度与分布，进而分析各元素和物质类型的富集区域和分布特点等。干涉成像光谱仪用于探测月表矿物元素分布情况，并利用探测的结果绘制出各元素的全月球分布图，发现月球表面资源富积区，为月球的开发利用提供有关资源分布的数据。

　　第六个是微波探测仪系统（MRM），这是世界上首次使用该型设备测量月球微波辐射特征。嫦娥一号搭载的微波辐射计共使用了四个波段，由于不同波长的微波在月壤里面穿透的深度不一样，通过四个波段的探测可以获取更加丰富的月球表面月壤微波反射参数，用以更加准确地评估月表月壤的深度。

　　第七个和第八个是和太阳相关的探测器，分别是太阳高能粒子探测器、太阳风离子探测器，用于探测地月空间环境。太阳高能粒子探测器（HPD）用于探测近月轨道上太阳高能粒子情况，通过探测带电粒子的通量，可以得到粒子的空间分布及粒子在空间的运动规律等信息。太阳风离子探测器（SWID）用于探测原始太阳风离子的能谱，包括太阳风的速度、离子温度。利用这些数据进行分析和对比研究，对丰富太阳辐射，以及它与地球磁场和月球间关系的认识具有特殊意义。

第2节

嫦娥一号奔月全纪实

嫦娥一号卫星发射升空

2.1 借力飞天

2007年10月24日傍晚，四川省凉山彝族自治州冕宁县群山深处，长征三号甲运载火箭正托举着体重2350千克的嫦娥一号卫星，与即将飞抵的月球遥遥相望。

18时05分，随着"3、2、1，点火！"的话音落下，瞬间爆发的巨大声响海浪式地扑向周围的重重群山，长征三号甲运载火箭托举着嫦娥一号成功开启首次壮美的飞行。

发射后第148秒，火箭一级、二级分离。

发射后第243秒，整流罩分离——当火箭飞出大气层的时候，嫦娥一号就不再需要整流罩的保护了。

发射后第271秒，火箭二级、三级分离。

发射后第609秒,远望号测控船传来消息:火箭三级发动机一次关机,星箭结合体进入滑行阶段。

18时05分至30分,"火箭飞行正常","跟踪正常","遥测信号正常"……从西昌卫星发射中心所属各测控站的光学、红外、遥测设备,到青岛、厦门、喀什的测控站,从太平洋上的两艘远望号测控船,到首次在航天器测控中引入的北京、上海、昆明、乌鲁木齐的四个大型天文射电望远镜,一连串"正常"的实时测控数据,如火炬接力般传来。

第1473秒,星箭分离,从这里开始,嫦娥一号就要独自踏上38万千米的漫漫探月路,整个飞行过程都需要依靠嫦娥一号自身的控制系统与推进系统来完成。

18时50分左右,嫦娥一号已经飞到南美洲上空,在智利CEE测控站的控制下,成功展开了自己的"翅膀"——太阳能帆板。13分钟后,用于向地面传输科学数据的定向天线也徐徐展开。这是我国航天史上,第一次利用国际联网增加测控覆盖率。此外,欧洲航天局的三个测控站也为嫦娥一号提供了卫星测控支持。

19时09分,嫦娥一号卫星成功入轨,总里程100多万千米、为时两周左右的漫长奔月旅程开始了。

2.2 绕地蓄力

发射完成后的前7天时间里,嫦娥一号实际上还保留着"地球轨道卫星"的身份。它的奔月旅程,要从环绕地球的调相轨道起步。这是因为,为了稳妥起见,嫦娥一号要经过10多次变轨,以"甩链球"的方式飞向月球,飞行时间长达13天18小时。

随着第一次远地点的加速,嫦娥一号的近地点高度被抬高至600千米,但轨道周期仍为16小时。在16小时轨道运行总计数十小时之后,嫦娥一号进行了第一次近地点加速,将自己送入周期为24小时的停泊轨道上,并进行了长达3天的"耐心"飞行。

平静只是暂时的。在停泊轨道飞行3天后,嫦娥一号实施了第二次近地点加速,将自己送入远地点高度为12.8万千米、周期为48小时的大椭圆轨道。

在这个轨道上,嫦娥一号创下了中国航天器到达的最远距离纪录。

2.3 奔月而行

10月31日,当嫦娥一号又一次飞临近地点时,它开始加速,飞行速度提高到接近第二宇宙速度的10.9千米/秒,进入远地点高度为38万千米的奔月轨道,开始向着月球飞去。

在遥远的路途中，嫦娥一号根据测定轨的情况以及前几次变轨的情况，对自己的方向进行了适当修正，保证能够按照预定的设计要求到达近月点。

2.4 初试绕月

嫦娥一号孤独地朝月球飞行，在经过将近5个昼夜的长途跋涉后，终于来到了与月球"连接配对"的时刻。这时，高速飞行的嫦娥一号放缓了自己的脚步，开始第一次"刹车"制动，以便成功被月球捕获。

也就是在这一刻，月球正式拥抱了来自中国的"神女"。时间被定格在2007年11月5日，嫦娥一号奔月成功，成为中国的第一颗"月球卫星"。

激动人心的时刻过后，必需的调整仍在进行。经过第二次、第三次制动，嫦娥一号绕月运行的椭圆轨道逐步变为轨道周期127分钟、轨道高度200千米的环月轨道。

至此，来自中国的"神女"——嫦娥一号正式进入为它精心选定的轨道，端详着中华儿女梦寐千年的月球，开始揭开"广寒宫"的神秘面纱，用一年多的时间向远方的"亲人"述说月球的故事。

2.5 受控撞月

2007年11月26日，国家航天局公布了嫦娥一号拍摄的第一张月球照片，"歌唱我们亲爱的祖国，从今走向繁荣富强……"《歌唱祖国》的歌声也从月球轨道传回。

2008年7月1日，嫦娥一号完成了全月球影像数据的获取；同年10月24日，嫦娥一号在轨一年寿命期满，圆满完成了各项探测任务。此后，研发人员利用嫦娥一号进行了变轨等十余项验证试验。

为了给探月工程的第二阶段"探路"，积累落月过程控制和轨道测定的经验，嫦娥一号于2009年3月1日受控撞击了月球的丰富海区域，成功完成硬着陆——不经过专门减速，而是以较大速度直接冲撞月球的方式着陆。

嫦娥一号累计飞行494天，其中环月482天，比原计划多飞行117天。飞行期间经历了3次月食，传回了1.37TB有效的科学探测数据，获取了全月球影像图、月表化学元素分布、月表矿物含量、月壤分布和近月空间环境等一批批研究数据，填补了中国在月球探测领域的空白。嫦娥一号搭载的CCD立体相机首次实现了月球表面100%覆盖拍摄，使中国制作的全月球影像图在几何配准精度、数据的完整性与一致性、图像色调等方面均处于国际先进水平。

2009年3月1日16时13分10秒，嫦娥一号卫星撞月示意图

第3节
嫦娥一号核心技术全解读

　　中国的探月活动，从立项到成功发射仅用了不到三年的时间。项目工程时间紧、任务重，但收效甚丰，这离不开每一位航天科技工作者的辛勤付出。这三年间，卫星研制单位继续完善系统设计，深化工作，尤其是在月球探测任务和嫦娥一号卫星特有的技术方面，各级技术人员充分沟通、勇于创新，在不断细化技术问题的过程中逐步完善设计，先后在轨道设计、飞行程序、月球空间环境、定向天线设计、热控设计、导航制导与控制设计、测控数传设计、月食问题等方面实现了突破，并形成了适应探月任务、具备深空探测应用背景的系统设计和分系统设计方法及专项技术，为嫦娥工程第二期、第三期任务和对其他星体的探测任务设计提供了技术储备。

3.1　轨道设计技术

　　说到嫦娥一号的技术创新和突破，首先要提的就是**轨道设计技术**。
　　从科学探测的目的和任务角度出发，为了尽可能地探测整个月球，特别是月球的南北两极，嫦娥一号选择了绕月工作轨道。在绕行过程中，嫦娥一号需要在任意位置都能以相同的分辨率、稳定的轨道高度对月面进行拍照，因此研发人员经过一系列测算，最终确定嫦娥一号的工作轨道为200千米高的极月圆轨道，运行周期约为127分钟。这条轨道对嫦娥一号而言"性价比"最高——运行所需要的能量最少、发射和变轨过程中的风险最低。
　　在奔月轨道飞行过程中，研发人员要时时观测嫦娥一号的轨道运行情况，如果有偏差，要及时进行修正。最为关键的是，当嫦娥一号进入月球引力区时，一定要让它适时"刹车"，确保能被月球引力准确捕获。如果"刹车"晚了，我们的"大小姐"——嫦娥一号就会直接和月球亲密接触，撞上去；如果

"刹车"早了,"大小姐"就会错过月球,直接飘向深空,不知道会飞去哪里,再也无法回家。所以这是一项非常关键的技术,在研发人员反复核算、试验之后,这个技术难题得到了妥善解决。

3.2 天线技术

在测控通信方面,国际上深空探测使用的一般是直径35米,甚至70米的天线。可当时我国航天测控网天线的最大口径只有12米,无法满足月球探测的需要。经过不懈的努力,研发人员用很少的经费在喀什站和青岛站新建了两个直径18米的天线,提高了远距离测控精度,使我们的地面站测

中国首次月球探测工程的第一幅月面图像

控距离从地球近程范围延伸到月球范围,保证嫦娥一号即使在距离地球更加遥远的月球轨道,仍然能够很好地建立星地间数据传输与测控信号的无线通信链路。

3.3 温控技术

嫦娥一号在绕月飞行时,会受到太阳、月球、月球阴影、地球阴影(月食)和太空寒冷背景的影响,外部冷热环境恶劣复杂。为此,嫦娥一号研发团队研制出一套在地月转移和绕月运行时,都能适应空间环境的温控系统,使嫦娥一号在炎热的时候能够散热,在寒冷的时候能够保温。此外,在月食期间,嫦娥一号的"小翅膀"照不到太阳光,无法得到能源供应,研发人员通过多种尝试,终于解决了月食期间嫦娥一号的能源供应问题。

3.4 解决三体定向问题

地球卫星只需要两体定向——太阳电池翼对太阳定向，测控通信和有效载荷对地球定向；而月球卫星则需要三体定向，方向分别是：太阳电池翼对太阳定向，探测仪器对月球定向，收发天线瞄向地球。一个飞行器需要同时满足对三个方向的定向，技术难度很大。

嫦娥一号首次采用了双轴天线自主指向控制技术，使天线可以上下左右自由活动，在半球空间内实现高精度指向要求，从而具有对地球的跟踪指向能力，能够把科学探测和遥测数据准确地传回地球，同时降低通信所需功耗。

3.5 首次使用紫外月球敏感器

红外地球敏感器在人造地球卫星和航天飞船上的应用非常普遍，可这种敏感器并不能应用于月球探测任务，因为月球没有大气层，不具有稳定的红外

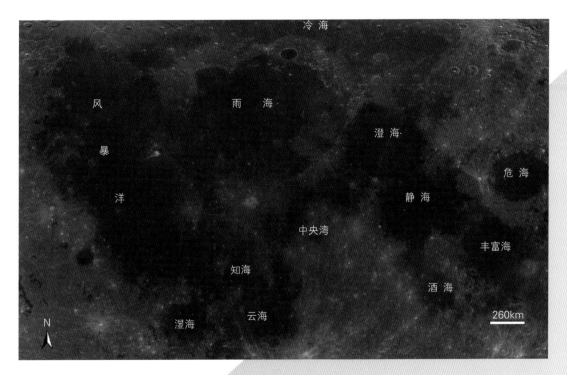

月球正面的月海影像图

该图中位于月球正面的月海有风暴洋、雨海、冷海、澄海、静海、危海、丰富海、知海、酒海、云海和湿海，以及月湾中央湾

辐射带。不过，月球具有稳定的紫外辐射，所以研发人员选用紫外月球敏感器作为嫦娥一号的"眼睛"，让它可以在各种月相下工作，甚至出现月全食时也能够正常运转，无须地面站支持，就能直接获得对月的俯仰角和滚动角，自行确定绕月探测器飞行轨道是否平行于月面。

推扫成像，简单地说就是沿着轨道扫描，其实就是利用CCD立体相机成一个条状的像，然后用若干个条状的像，组成一个完整的图像。

3.6 获取月球三维影像

嫦娥一号卫星的科学目标之一，是获取整个月球表面的立体影像，因此与一般的详细观测不同，它的分辨率是120米左右。但是每一轨的覆盖宽度相对较宽，可达到60千米左右。与人类的立体视觉相似，获取月球三维影像的前提条件是从两个以上的不同角度对同一个目标进行观测，然后进行立体影像合成。通常情况下，卫星是利用三个角度进行观测。观测的时候是利用卫星飞行时的推扫完成的，嫦娥一号不需要进行多次变轨，利用月球的自转就能对整个月面进行覆盖观测。也就是说，嫦娥一号仅需要一个地球月左右的时间，就能实现对月球表面的扫描全覆盖。

嫦娥一号获取的月球表面三维影像有很多用途。例如：划分月球表面的基本构造和地貌单元；进行月球撞击坑形态、大小、分布、密度等的测量和分析，为类地行星表面年龄的划分和早期演化历史的研究提供基本数据；制作月球断裂和环形影像纲要图，勾画月球地质构造演化史；为后续的着陆探测优选合适的区域提供科学依据。

第4节

嫦娥一号的中国特色

从2004年年初立项研制到成功发射入轨，嫦娥一号的研制总用时为3年6个月，工程总投资为14亿元人民币，仅相当于目前国内修建14千米高速公路的成本。这说明我们的探月工程具有"好、快、省"的特色鲜明的中国风格。

嫦娥一号的顺利发射，不仅是继人造地球卫星和载人航天之后中国航天活动的第三个里程碑，突破并掌握了一大批具有自主知识产权的核心技术和关键技术，更使我国成为世界上第五个成功发射月球探测器的国家，开辟了中国航天的新领域，同时实现了中国航天史的多个"第一"：研制并成功发射了中国首颗绕月探测卫星，第一次实现了绕月飞行和科学探测，第一次形成了深空探测任务的总体设计思路和研制流程。这些都充分体现出中国综合国力显著增强，自主创新能力和科技水平不断提高。

第四章 探月第二步

——离月亮更近一点，与小行星来一场宇宙约会

　　嫦娥探月卫星家族里的"二小姐"——嫦娥二号原本是嫦娥一号的备份星，因为嫦娥一号出色地完成了预期目标，没有必要再发射备份星，于是备份星成功地晋升为"二小姐"。

　　在获取探测数据方面，软着陆探测和巡视勘察的直接性和丰富性是其他探测形式所不能替代的。按照探月规划，"三丫头"嫦娥三号会携带月球车尝试月面着陆，迈出"落月"第一步。但从"绕"到"落"的技术跨度和实施难度非常大，又有一系列的关键技术需要突破。因此，为了降低风险，也为了最大程度地节省国家资金，专家们反复论证后决定，先在嫦娥一号的技术基础上对嫦娥二号做改进，为嫦娥三号探路并验证部分关键技术。因此，嫦娥二号成为探月工程第二期的先导星。

嫦娥二号小档案

嫦娥二号是中国第二颗探月卫星、第一颗人造太阳系小行星，在2010年的国庆节成功发射。

从外形和重量来看，嫦娥二号和嫦娥一号相似，总质量为2480千克，设计寿命为一年，尺寸也和嫦娥一号一样。

嫦娥二号延续了嫦娥一号的科学目标，对月球表面元素分布、月壤厚度、地月空间环境等做了更进一步的科学探测。但是，作为嫦娥一号的升级版，嫦娥二号与"姐姐"有颇多不同之处。

1.1 目标不一样：嫦娥二号研究更精细

就科学目标而言，首先，嫦娥二号要给月球表面拍一张更高分辨率的三维"高清照"，以获取月球表面高精度的地形数据，为后续嫦娥三号着陆区的选择提供依据，同时为后续划分月球表面的地貌

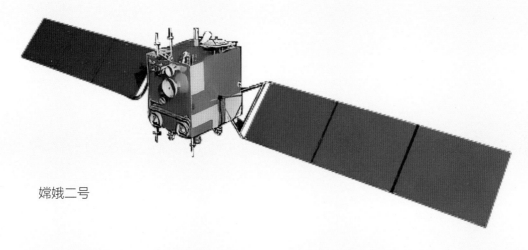

嫦娥二号

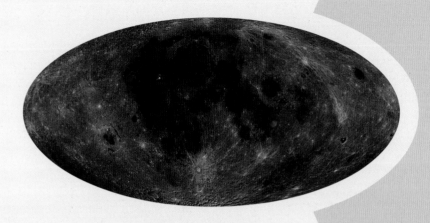

全月球摩尔威德投影图

单元精细结构、断裂和环形构造提供原始资料；其次，"再探家底"，探测月球物质成分，基于技术改进获得更高空间分辨率和探测精度的元素分布图；再次，"微波一下"，更深入地探测月壤特性，估算月壤厚度；最后，"好风凭借力"，太阳活动高峰年是研究太阳高能粒子事件、太阳风及其对月球环境影响的最佳探测时期，探测地月空间环境与近月空间环境，为中国探月工程后续任务提供空间环境科学数据。

就技术目标而言，嫦娥二号"更快、更近、更清晰"。

第一，嫦娥二号此次不用"甩链球"的方式抵达月球轨道，而是要走"快速路"。研发人员突破了直接进入奔月轨道的弹道设计技术、运载火箭低温三子级滑行时间可调技术，使嫦娥二号能在7天内抵达工作轨道，相较于嫦娥一号，时间缩短了一半。

第二，从"打电话、传家书"到"通视频、走传真"。此次任务试验了X频

全月球正射投影图（正面）

全月球正射投影图（背面）

段深空测控技术，初步验证深空测控体制，让远离家乡的"二小姐"能够"更听话"；还试验了低密度校验码遥测信道编码、高速数据传输、降落相机等技术，将卫星数传码速率提高至6Mbit/s，试验12Mbit/s，让"慢慢传家书"变成"传真大量数据"。

第三，拉近月球卫星和月球的距离，最近只有15千米。此次发射验证了100千米月球轨道捕获技术，探测了100千米轨道的空间环境，提高了月球探测热红外分析模型的准确性；同时验证了100千米×15千米绕月椭圆轨道机动与快速测定轨技术，获取数据深入研究月球重力场分布，提高重力场模型精度。

第四，为嫦娥三号探路拍摄"目的地"，提高着陆安全性。在15千米近月点处，嫦娥二号对嫦娥三号预选着陆区进行成像试验，分辨率优于1.5米，并且在100千米圆轨道对预选着陆区进行成像，分辨率优于10米。利用嫦娥二号传回的月表图像，研发人员绘制了预选着陆区三维地形图。

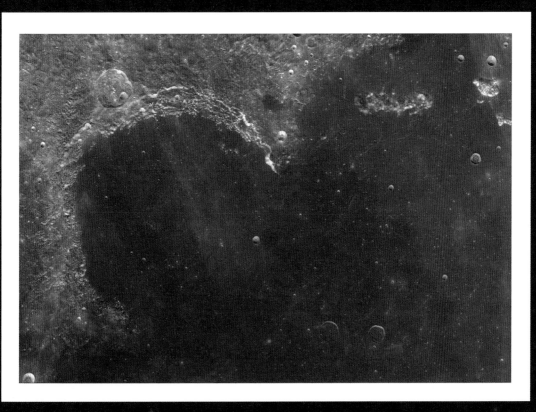

月球虹湾地区影像图

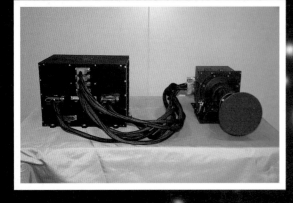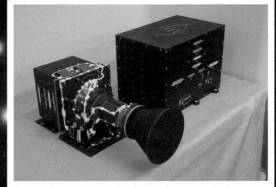

组图：嫦娥二号搭载的CCD立体相机

1.2 "嫁妆"不一样：嫦娥二号相机大升级、制导更精准

嫦娥二号探月卫星共有10个分系统，可分为服务系统和有效载荷两部分。**服务系统**包括：结构、热控、制导/导航与控制（GNC）、推进、供配电、数据管理、测控数传、定向天线和技术试验等。主要搭载的**有效载荷**有七种，即CCD立体相机、激光高度计、X射线谱仪、γ射线谱仪、微波探测仪系统、太阳高能粒子探测器和太阳风离子探测器。

精度更高：嫦娥二号携带的CCD立体相机的精度由嫦娥一号的120米分辨率提高到7米以内，分辨率提高了16倍，同时对相机感光原理进行了特殊修改，采用多区域感光合成技术，即使很暗的目标，CCD立体相机也能把它找出来。此外，相机的推扫成像技术还保证嫦娥二号可以在月球自转的情况下获得清晰的图像。

相机更多：与嫦娥一号不同，除了CCD立体相机，嫦娥二号还携带了4台微小相机，分别是发动机监视相机、定向天线监视相机、太阳翼监视相机和一台降落相机。

卫星主发动机是卫星在太空中进行轨道调整的唯一动力，就像是汽车的引擎，会通过点火来帮助探月卫星完成在奔月途中调整轨道、接近月球时的制动减速、在轨运行时改变轨道高度等动作。如果发动机出现故障，那卫星就会失去控制，无法"自主飞翔"，只能"被动流浪"。发动机监视相机可以监视卫星主发动机的工作状态，让研发人员及时发现问题，为改进技术提供参考帮助。

定向天线则是针对月球探测的特殊需要而设计的天线，是卫星和地球之间的"电话线"，卫星可以通过它将自身的各种信息和探测数据传回地面接收站。与地

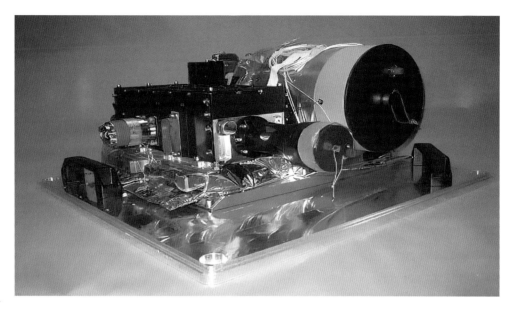

嫦娥二号搭载的激光高度计

嫦娥二号搭载的490N发动机监视相机

为嫦娥探月卫星提供的测控应答机

球卫星天线的固定安装方式不同，嫦娥二号的定向天线要在月球围绕地球转、卫星围绕月球飞的三体运动环境下，始终保持对准地球，否则地面站将无法接收卫星发出的信号。定向天线监视相机就是用来观测定向天线工作情况的。

太阳能帆板是卫星的能量来源，只有这对"翅膀"一直在工作，卫星才能一直有能量干活。"翅膀"的展开和收缩，以及在地、月、星三体运动中保持对日定向的过程比较复杂，与其他系统相比更容易出现故障问题，即使在地面做过充分的试验验证，也不能保证它在太空中100%可靠。太阳翼监视相机可以拍摄太阳翼展开及工作的过程，获取的图像资料供技术人员进行深入的研究和改进。

降落相机则是"二小姐"此次出行的重要工具。在嫦娥二号的飞行轨道高度位于15千米时，它会智能选择清晰拍摄或快速拍摄工作模式，来拍摄嫦娥三号准备落月的月面情况。由于月面大部分都是灰色，所以这款相

嫦娥二号搭载的 γ 射线谱仪

嫦娥二号搭载的高速数传微波直接调制器

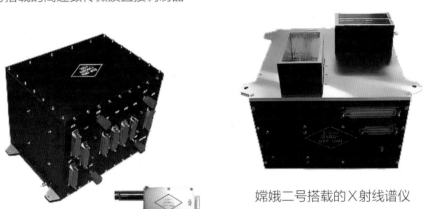

嫦娥二号搭载的X射线谱仪

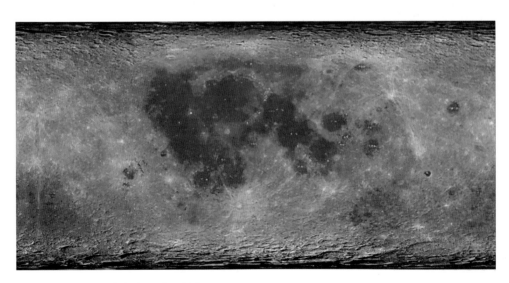

嫦娥二号7米分辨率全月球影像图

机虽然功能强,却只是一款黑白相机。

这四台相机都只有手掌大小,每台重量仅三四百克,但它们的技术含量很高,可以说是"相机中的战斗机",集成了光、机、电、热等多项先进技术和自动拍摄、实时图像压缩等智能化功能,能应付恶劣的太空辐射、温度环境,还能承受运载火箭发射时的强烈冲击和振动。

在服务系统方面,嫦娥二号和嫦娥一号的不同主要体现在制导导航与控制系统(GNC)上,它具有三大创新点:

第一,通过修改紫外敏感器的软硬件,为嫦娥二号实现近月与环月的辅助导航;

第二,通过制导导航与控制系统软件升级,可以更加灵活地控制轨道变化;

第三,成功互用载荷与敏感器,让紫外敏感器增加了拍图与传图功能,能够拍摄月球的130米分辨率紫外图像、覆盖月面80%以上的区域。

1.3 "归宿"不一样:飞离月球轨道,探访小行星

2011年,嫦娥二号不仅承担了验证技术、深化月球科学探测的使命,还飞离月球轨道,开展了日地拉格朗日L2点探测和图塔蒂斯(Toutatis)小行星飞越探测等超额的多项拓展试验,成为绕太阳飞行的人造小行星,目前它已距地球超过1亿千米,预计2029年将再次飞回地球附近的700万千米处。

地月拉格朗日点,指地球和月球之间的引力平衡点,一共有五个。但不是所有的都稳定可用,这五个中,只有两个相对稳定——小物体在该点处即使受到外界引力的影响,仍能够保持在原来的位置上。日地拉格朗日L2点就是其中之一。

图塔蒂斯的国际永久编号是4179号,是一颗对地球存在撞击威胁的近地小行星。1934年首次被发现,之后丢失。1989年被法国天文学家再次发现,并以凯尔特人神话中的战神"图塔蒂斯"命名。

第2节
嫦娥二号奔月全纪实

2.1 沉默的守望者是怎么长成的

· 2004年，中国首次月球探测工程被正式立项并命名为"嫦娥一号"。同年12月，经有关部门决策，增加嫦娥一号备份星，于是沉默的守望者出现了。

· 2007年12月，与嫦娥一号飞行状态完全相同的正样产品全部研制完成，守望者有了新名字——嫦娥二号。

· 2008年6月，嫦娥二号探月卫星专题研究会召开；7月，嫦娥二号第二轮总体方案论证工作完成；10月，嫦娥二号立项。而后，嫦娥二号整星方案设计完成，并开展了顶层策划、技术状态清理及复核、总体规范制订等

嫦娥二号准备发射升空

研制工作及任务轨道设计、大系统间接口协调、分系统技术规范制订、X波段应答机等新产品技术攻关和专项试验工作。

- 2009年，嫦娥二号初样研制完成；速高比补偿对测定轨精度要求完成、15千米轨道飞行大系统保证等专题协调及全部专项试验完成；正样产品研制、装配、总装及试验（AIT）阶段工作完成；开展轨道设计、空间单粒子效应防护等质量复查和复核复算。

- 2010年6月，嫦娥二号质量复查和出厂评审完成；7月10日，嫦娥二号运抵西昌卫星发射中心。

2.2 当先导星腾空飞翔

2010年10月1日，嫦娥二号在西昌卫星发射中心成功发射升空，为祖国母亲的生日送上了一份隆重的贺礼。

乌云密布之下，在高耸的塔架上，一枚乳白色的长征三号丙运载火箭，稳

9月30日，包裹嫦娥二号的发射塔架矗立在群山环抱中

稳托举着2480千克重的嫦娥二号静待发射。

18时20分，发射场上空飘起零星小雨，发射场内仍有工作人员在忙碌。颗颗螺钉连接着航天事业，小小按钮维系着民族尊严。为了确保嫦娥二号成功发射，从7月起，各大系统的工作人员就陆续进入发射场，进行产品质量和技术状态的测试，并对危险事项判定风险等级，逐项采取严密的预防措施。

18时40分，发射工作正有条不紊地推进，发射塔塔架缓缓打开。

18时59分57秒，"3、2、1，点火！"

蒙蒙细雨中，一道橘红色的火焰喷薄而出，点亮夜空，高大的长征三号丙运载火箭拔地而起，带着嫦娥二号直冲云霄。

火箭升空爆发的能量不仅有视觉上的冲击，还有听觉上的震撼。即便有着长长尾焰的火箭飞入蓝黑色高空已有三四分钟，身影已消逝不见，轰隆隆的巨大声响仍在天际间回荡。

当我们还沉浸在火箭升空的光亮和巨响中没有回过神来时，航天人已经投入到紧锣密鼓的观测工作中。在北京航天飞行控制中心、在西安

10月1日18时59分57秒，搭载着嫦娥二号卫星的长征三号丙运载火箭在西昌卫星发射中心点火发射

长征三号丙直冲云霄

卫星测控中心、在远赴南太平洋的远望号测控船上……测控系统的各单元编织了一张疏而不漏的"天网"。

19时02分，火箭一级、二级分离。

19时04分，整流罩分离。

19时05分，火箭二级、三级分离。

19时25分，星箭分离。在太平洋上空，嫦娥二号正以约11千米每秒的速度进入地月转移轨道。

19时55分，嫦娥二号探月卫星准确入轨，发射任务圆满完成。

2.3 嫦娥二号"抄近路"，直奔月球

在这个全国人民欢庆国庆佳节的时刻，航天人的兴奋之情达到了顶点。

沿着科学家们设计的奔月"快速路"，嫦娥二号不再像嫦娥一号那样在环绕地球的椭圆轨道上"逗留"7天，而是直接沿着地月转移轨道飞向月球，奔月时间缩短为112小时。

相比嫦娥一号在距月面200千米处被月球捕获，嫦娥二号在距月面100千米处进行制动，飞行速度更快，轨道更低，制动量更大。同时，月球的不均匀重力场对卫星轨道的影响也相应增大，大大提高了对卫星制动控制精度的要求。

2.4 一星三用，"省钱"又高效

第一用，完成既定任务

· 2010年10月2日，嫦娥二号完成第一次地月成像。

· 2010年10月6日，嫦娥二号被月球捕获，实施第一次近月制动，进入周期约12小时的椭圆环月轨道。

· 2010年10月9日，嫦娥二号进入轨道高度约100千米的圆形环月工作轨道。

· 2011年4月，嫦娥二号设计寿命期满，既定工程目标与科学任务完成。

第二用，去到日地拉格朗日L2点

· 2011年6月9日，嫦娥二号正式飞离月球，前往日地拉格朗日L2点，开启中国深空探测的新征程。

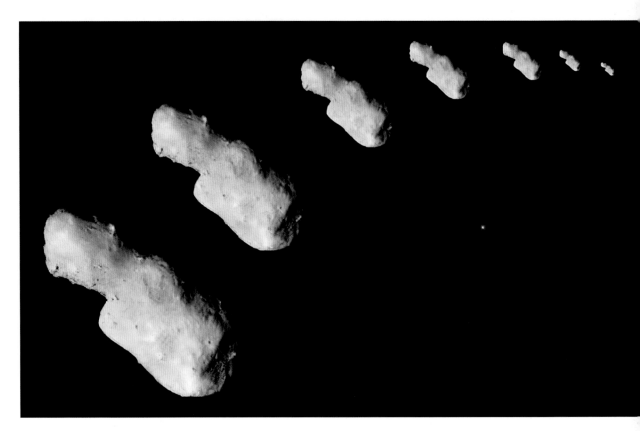

CE-2卫星拍摄的图塔蒂斯小行星间隔成像照片

· 2011年8月25日，嫦娥二号进入拉格朗日L2点环绕轨道。

第三用，在700万千米之外与小行星约会

· 2012年6月1日，嫦娥二号受控变轨，进入飞往小行星的转移轨道。

· 2012年12月13日，嫦娥二号卫星成功受控，飞抵距地球约700万千米远的深空。16时30分09秒，嫦娥二号与"战神"由远及近擦身而过，交会时，星载监视相机对图塔蒂斯小行星进行了光学成像，完成了对这颗小行星的国际首次近距离光学探测。这太空中的惊鸿一瞥，标志着嫦娥二号再拓展试验成功，嫦娥二号工程圆满收官。

后来的故事

· 2013年1月5日，嫦娥二号与地球距离突破1000万千米。

· 2013年2月28日，嫦娥二号与地球距离突破2000万千米。

· 2013年7月14日，嫦娥二号与地球距离突破5000万千米。

· 2013年11月26日，嫦娥二号与地球距离突破6100万千米。

· 2014年年中，嫦娥二号与地球距离突破1亿千米。

第3节

嫦娥二号核心技术全解读

比起"大小姐"嫦娥一号,"二小姐"嫦娥二号肩负的任务难度更高:第一,因为飞行距月更近,需要经历多次复杂的轨道和姿态机动,对卫星轨道控制要求更高;第二,空间环境更复杂,嫦娥二号需要经历两次月食,其间无法获得能量补充;第三,三体组合控制模式复杂,嫦娥二号的三体定位对卫星自身、太阳翼和天线的姿态控制要求更高;第四,新设备更多,也就存在更多可能出现的问题。

面临新的挑战,嫦娥二号全面升级。我们将对"嫦娥二号"任务的技术环节进行解析,针对卫星、运载火箭、发射场、测控和地面应用五大系统,全面了解嫦娥二号的突破创新。

3.1 卫星系统

第一问:嫦娥二号探月卫星研发过程中面临哪些新困难?

答:一是产品状态多,风险可能性更大。嫦娥二号由214台硬件设备组成,状态多且复杂。在这些设备里,继承"大小姐"的技术产品大概占85%,有过一定适应性修改的大约占10%,全新研发制作的占5%。和"大小姐"所有产品统一上星、统一试验相比,"二小姐"的产品状态不同、批次不统一,这就导致各类型产品的研制进程不一致,比如新研制的产品要经过方案、初样、正样等多个阶段,经常会出现正样与初样一起测试、风险直线增加的情况。因此,研制队伍强化了风险管理,通过关键新产品的专项研发克服了风险困难。

二是新技术、新问题的试验验证难。比如,嫦娥二号上使用的490N发动机,以前工作时间很短,只要卫星飞到工作轨道上就可以停机并切断信号了。

但是，在嫦娥二号的征途中，它需要连续工作并且多次启动，这在试验上有一定的困难。再比如，嫦娥二号上的主相机为时间延迟积分图像传感器件（TDICCD）相机，它的测试需要地面系统、星上系统和测控系统协同配合，最终产出高清晰图像，因此测试验证难度也很大。

三是产品无备份，不能出错。因为嫦娥二号原本是嫦娥一号的备份星，备份星的产品很少会有备份，所以在"二小姐"测试的时候，即使产品零部件有问题，也没有现成的备份可以替换，因此提高了对技术人员的要求，一定要做到"万无一失"。

影像图表现了环形坑位边缘的形貌，阴影区和光照区界限分明，阴影区无明显形貌信息，光照区可清晰分辨坑壁的细节和坑缘分布的石块

四是研制队伍新，做卫星和培养人要同步进行。因为嫦娥二号是从备份星"转正"，所以研制嫦娥二号的时候，我们也在同时进行嫦娥三号的研制工作，"大小姐"的主要科研人员都在关心"三丫头"，"二小姐"的研制队伍就显得"捉襟见肘"。在嫦娥二号十个分系统的主任设计师中，只有一位是嫦娥一号研制队伍中留下来的，其他的都是原来的副主任设计师，或者是原研制队伍中逐步走上重要技术岗位的年轻技术人员。在卫星试验队常驻的93人中，第一次来发射场的就多达47人。在研制过程中，既要培养年轻的队伍，还要严格控制质量标准，切实提高研制队伍的总体水平和能力。

第二问：比"大小姐"面临的温差更大，嫦娥二号该怎么办？

答：在遥远的太空，由于没有大气层的保护，在阳光照射下，卫星表面温度非常高。绕月时，和嫦娥一号200千米轨道相比，嫦娥二号要面临的100千米轨道热流增加了20%—30%。月球上没有空气等热传导的介质，因此卫星上受到光线照射的部分温度会很高，而不受光线照射的部分会很低，卫星两面

的温度可能相差300摄氏度。但0—20摄氏度是卫星内部元器件最理想的工作温度。嫦娥二号如何应"烤",成了一个问题。与此同时,在环月轨道上,嫦娥二号面临的另一个温度考验来自太阳的炙烤和月表反射光的强烈照射,这使卫星长期处在高达100摄氏度的工作环境里。那么如何让嫦娥二号能够在如此恶劣的环境下"保温"呢?

第一个小妙招是重新设计热控系统。研制人员对卫星舱内的热交换系统进行了重新设计和布局,被光照射的部分和没有被照射的部分之间能够迅速进行热交换,使卫星两面的温度能够维持一种平衡状态。

第二个小妙招是穿上"空调款"金银外衣。在电视或者照片上,我们可以看到嫦娥一号和嫦娥二号的表面呈现着金银两种亮色。这就是嫦娥卫星的"奢华嫁衣"。金色部分是由一层层比羽毛还轻的膜状物和网状物间隔拼叠而成的,共有15层,有非常好的隔热作用,不仅能够防止卫星热量散失,而且可以阻止外部的热量进入卫星内部;银色部分则是一层类似镜子一样的膜,具有很强的反射能力和散热能力,在反射85%太阳光的同时,还能及时将卫星内部产生的废热排散到外界。这款金银外衣是嫦娥探月卫星的天然空调系统。

第三个小妙招是30度夹角保护帆板。为了避开太阳直射,设计人员设计"嫦娥翅膀"——太阳能帆板的时候使其和太阳呈30度夹角,而不是直接垂直于太阳光线,这样帆板温度就会大大降低。同时,太阳能帆板可以进行任意角度的旋转,以达到最佳的保护效果。嫦娥二号上还有一套软件系统,在温度达到一定高度时,软件可以支持卫星让帆板停转,直到帆板温度降下来。

第三问:为什么我们要选择在月球的虹湾区进行高清晰度的影像拍摄呢?

答:选择虹湾区进行高清晰度的影像拍摄,主要因为那里是嫦娥三号的计划着陆区。着陆区的选择至少有四个标准:

第一,要平坦,使卫星少受伤害;

第二,在正面,使地面可以通过测控通信控制卫星;

第三,有价值,着陆区需要有一定的科研考察价值,是别人没有去过的地方;

第四,阳光要充足,以保障卫星能够有足够的能源进行工作。

3.2 运载火箭系统

第一问：是谁送嫦娥二号上天的？

答：对于进行月球探测和深空探测的航天器来说，其上天成本甚至是同重量黄金的几倍。因此，我国要想实现更大重量或者更远距离的空间探测，必须最充分地利用火箭的推力，减少卫星燃料的消耗。

与嫦娥一号发射所用的长征三号甲运载火箭不同，这次嫦娥二号用的火箭是长征三号丙运载火箭。从外形上看，"长三丙"在"长三甲"的基础上捆绑了两个助推器；从运载能力上看，"长三甲"的标准地球同步转移轨道的运载能力是2600千克，而"长三丙"的运载能力达到了3800千克。

无论是从轨道参数等技术要求还是从载重要求来看，"长三甲"都难以带动嫦娥二号。而同系列"长三乙"5500千克的运载能力对于嫦娥二号的发射任务而言，又是一种浪费。在综合了技术方面的新要求和保证经济性、节约经

"长三丙"在技术厂房

费开支的双重考虑之后，嫦娥二号的发射任务正式交付给"长三丙"。拥有两个助推器的"长三丙"，发射能力介于"长三甲"和"长三乙"之间，正好可以满足轨道和推力的要求。同时，它由于具有技术性能先进、可靠性高、适应能力强等特点，当仁不让地成为执行嫦娥二号发射任务的首选火箭。

第二问：送嫦娥二号上天有哪些难度？

答：**从打固定靶到移动靶**。如果说以往的发射是打固定靶，那这次就是打移动靶。嫦娥二号的轨道特殊，所以有更严格的发射窗口。通信卫星几乎每天都能出发，而嫦娥二号一年里却只有几天能够"上天"，因此一定要准时发射。与嫦娥一号的"绕圈圈"不同，嫦娥二号要直接进入地月转移轨道，这是我国首次执行这样的任务。

同样的距离，不一样的路。嫦娥一号的发射轨道就像"走步梯"，而嫦娥二号直接由火箭送入地月转移轨道奔月口，像坐"直达电梯"一样。发射方式的不同直接提高了嫦娥二号上天的难度。

地月转移轨道的设计受到多方面因素的制约，主要包括以下方面：

火箭一级落区：我国在西昌卫星发射中心发射的火箭，火箭壳体要按规定落在云南省特定的区域内，这让火箭在一级飞行时的轨道选择没有"自由发挥"的余地。

测控覆盖范围：我国发射测控网主要包括三个部分，一是我国陆上建设的测控站，二是可以使用的外国陆上测控站，三是海上测控船。火箭发射时，测控系统要对火箭进行实时测控，因此其飞行轨道必须处于测控网覆盖的范围内，这对新轨道的选择有很苛刻的限制。

地月日三者之间的运动规律：地月转移轨道要求星箭分离时，卫星必须处在奔月轨道的入口处，否则只有通过卫星机动的方式进行轨道调整，那就违背了节省卫星燃料的最基本要求。发射的时间不同，轨道的入口也不同，同时太阳直射光线的角度也会发生变化，所以必须严密考虑地月日三者之间的相互关系和运动规律。这是嫦娥二号发射和嫦娥一号相比最大的不同，也是运载火箭系统承担的最关键的一项技术攻关项目。

第三问：火箭发射怕什么？

答：火箭发射对气候和环境的要求并不高，但是有三种情况是不能发射的。第一种情况是雷电天气。如果火箭不幸被雷电击中，会直接损害火箭，严

2010年10月1日，搭载着嫦娥二号卫星的长征三号丙运载火箭在西昌卫星发射中心点火发射

重的情况可能导致星箭俱毁。

第二种情况是强降雨天气。如果火箭箭体长时间处于雨水浸泡状态，可能会造成其内部的电子设备损坏或线路的短路。

第三种情况是大风天气。火箭飞出塔架后，大风会使火箭箭体发生"漂移"，从而偏离轨道。

那火箭会像飞机一样出现"撞鸟"事故吗？火箭研制专家的回答是否定的，因为火箭发射时会产生高温、高亮的火焰和震耳欲聋的轰鸣声，飞鸟会受惊逃离。

3.3 发射场

第一问：嫦娥二号从哪里起飞？

答：发射场是"嫦娥"探月卫星奔月的起点，也是火箭、卫星的"体检中心"和"加油站"。发射场由测试发射、测量控制、通信、气象和技术勤务保障五大系统组成，主要完成发射试验组织和指挥、火箭测试及燃料加注、星箭测试技术勤务保障、火箭飞行主动段测量控制等任务。

嫦娥二号和嫦娥一号一样，都是在西昌卫星发射中心发射。为了确保嫦娥二号发射成功，发射场更新改进了上百项技术，包括测量雷达、遥测系统、

光学仪器、加注系统等。在嫦娥二号发射前，鑫诺六号卫星于9月5日成功发射，9月12日长征三号丙运载火箭便转往发射阵地。能在短短七天时间完成二号发射塔架发射后的恢复和状态转换，是西昌卫星发射中心创造的新纪录。

发射嫦娥二号的是二号塔架，被称为"亚洲第一塔"，具有97.7米的高度和发射"长征三号"系列运载火箭的全覆盖能力。在二号塔架的不远处，就矗立着放飞嫦娥一号的三号塔架。

第二问：发射"零窗口"是什么？

答：此次嫦娥二号发射任务，仍瞄准"零窗口"发射，以提高嫦娥二号在轨紧急处置能力，增加卫星深空探测内容。这样的准点发射，使送入轨道后的卫星在变轨时效率更高，更节省燃料，后续工作的开展也会更加顺利。嫦娥一号通过"零窗口"发射节省了120千克卫星燃料，多运行了四个多月；嫦娥二号的"零窗口"发射则节省了180千克卫星燃料，相比约1300千克的燃料存储量而言，节省下的燃料弥足珍贵。

完成"零窗口"发射是很难的，需要几大系统协同运作，任何一个系统出现问题都不能实现。这就要求气象系统对发射窗口的雷电、降水、温度、风力风向和云量等气象要素进行精准、细致的预报，这是一个很大的挑战。西昌卫星发射中心气象室为确保"零窗口"气象保障及时准确，预报人员翻阅了近十万张历史天气图，开展了雷暴、降水、高空大风、逐时气温预报、连阴雨等多个专题研究，系统地梳理了影响西昌卫星发射中心的各类气象系统。

3.4 测控系统

第一问：嫦娥二号的测控风筝网是怎样构成的？

答：飞行器是风筝，地面控制人员就是放风筝的人。**"嫦娥"在天上飞，地上则织起了一张多点连线的风筝网**。这一张风筝网——嫦娥二号任务的测控系统主要由三个中心、三艘测控船、六个国内测控站、一个国外测控站、四个天文观测站及一个国际联网测控站组成。它们利用时间统一系统和通信系统，按照统一时间标准联成一个有机的系统整体，通过与箭载和星载测控合作目标的配合，共同完成对火箭和卫星的各项测控任务。

三个中心分别是西昌卫星发射中心、北京航天飞行控制中心和西安卫星测控中心。

西昌卫星发射中心主要"管火箭"，负责卫星发射时对长征三号丙运载火箭的测控任务，保障发射时火箭和卫星的绝对安全。

北京航天飞行控制中心则是指挥控制嫦娥二号任务全过程的"神经中枢"，是所有测控信息的集散地，与遍布全球的地面测控站、分布在太平洋上的远望号测控船及天基测控网联成一体，担负着任务全过程的测控重任，为在太空工作的嫦娥二号提供了飞行控制支持，实现了天地对话。

从实施载人航天任务起，西安卫星测控中心就成为北京航天飞行控制中心的轨道计算备份中心，在嫦娥二号任务中也是这样。西安卫星测控中心的第二个身份是信息中转站，先接收汇集各个测控站点测控设备上的信息，然后发往北京航天飞行控制中心。有许多不能直接传送到北京航天飞行控制中心的信息，必须先传到西安卫星测控中心之后再汇集到北京航天飞行控制中心。它的第三个身份是各个测控站的网络管理中心，负责各测控站任务的分配、测控站使用管理及调度。

如果说地面的卫星发射中心是送卫星上天的基座，那海上的远望号测控船作为机动航天测控站，就是游子身上、母亲手中的丝线。

执行嫦娥二号海上测控任务的是远望三号、远望五号、远望六号航天远洋测控船，它们在大洋深处列阵守候嫦娥二号的奔月之旅。

远望五号船是陆海测控接力的第一棒，直接关系着火箭三级二次点火前的正常运行。

随着远程运载火箭和人造卫星的相继问世，仅凭地面的测控站远远不足以全程跟踪和测控卫星，必须将测控范围延伸到浩瀚辽阔的海洋。1977年，远望一号船、远望二号船相继下水，我国成为全球第四个拥有航天测控船的国家。

轨道中途修正是航天测控中的尖端技术。要对轨道进行修正，首先必须精确测定卫星正在运行的轨道数值；而后经过计算，得出需要修正的数值；最后参照这个数值，控制卫星上的发动机进行工作，以达到设定的目标。

北京时间10月1日19时13分29秒，远望五号发现目标；

19时18分35秒，远望三号发现目标；

19时21分49秒，远望六号发现目标。

北京时间10月2日8时05分，远望六号测控船结束了嫦娥二号地月转移轨道第一次中途修正前的卫星测控任务。至此，远望号船队圆满完成了嫦娥二号卫星海上测控任务。

由于嫦娥二号任务采用了大量新技术，给海上测控带来了许多新挑战：

◆ 任务有三个发射窗口，对三艘测控船技术状态的快速转换提出更高要求；

◆ 与嫦娥一号相比，嫦娥二号入轨方式的变化对测控时机的把握和船舶机动提出更高要求；

◆ 第三代航天远洋测控船远望五号、远望六号是首次参加嫦娥探月卫星测控任务。

第二问：观测嫦娥二号的"超级望远镜"是什么？

答：当时，我国已建立了由上海天文台、国家天文台北京总部、昆明天文台和乌鲁木齐天文站的四台大型射电望远镜和上海VLBI（甚长基线干涉测量）数据处理中心组成的中科院VLBI网，使用VLBI技术为嫦娥二号做测轨工作。主要是使几台射电望远镜通过干涉的方法联网同时工作，使其测量精度或测量分辨率等效于一台巨型望远镜。在嫦娥一号探月

任务中，该项技术首次得到应用，这是世界范围内该技术应用于探月工程的实时测轨工作中的首例。

VLBI技术的神奇之处在于，虽然目前单个射电望远镜的口径只有25米、50米，但它一旦与东南西北不同方位的同类望远镜联网，并实时将观测数据传到上海数据处理中心进行处理，其口径就相当于各望远镜之间的地理跨度。因此，当上海等四座城市的射电望远镜联网的时候，一个口径达3000多千米的"超级望远镜"就形成了，能看清月球上一个篮球场大小的目标，其测量精度和分辨率相当高。

第三问：嫦娥二号的飞天测控有多难？

答：在嫦娥一号发射后"绕地飞行"的过程中，技术人员先后进行了四次调相控制。而在嫦娥二号的快速奔月路中，入轨偏差需要通过中途修正来消除。因为目标工作轨道距离月面只有100千米，即使最后一次中途修正只有微小误差，也会使嫦娥二号面临撞月风险。

在"二小姐"的奔月路上，原计划有三次中途修正，甚至还准备了一项应急预案，如果误差超出一定范围，就给"二小姐"换条路——打造一条新的运行轨道。但在实际过程中，"二小姐"一次就位，原计划的后两次中途修正都没有实施。

2010年10月29日，北京航天飞行控制中心对嫦娥二号实施升轨控制，虹湾区成像活动圆满结束，卫星近月点返回100千米。北京航天飞行控制中心作为世界三大航天飞行控制中心之一，在嫦娥二号任务中成功突破了四项关键飞行控制技术：

- 直接地月转移轨道重构技术；
- 姿控力精确补偿定轨技术；
- 近月点非对称轨道控制技术；
- 飞行控制智能规划技术。

3.5　地面应用系统，解读嫦娥二号发来的家书

走进嫦娥二号任务地面应用系统的总部——国家天文台运控中心，如同走进破译"嫦娥"探月卫星"密码"的"大脑"。从奔月之时起，嫦娥二号获得的探测数据就源源不断地传输到这里，科学家们会利用这些数据培育出一颗颗科技之果，毫无保留地奉献到我们面前。

与"大小姐"到达近月轨道才开始打开有效载荷不同，"二小姐"更加勤奋，踏上奔月路途的同时，有效载荷就开始了工作，实现了地月空间全程探测。地面数据接收系统接收速率的提高也为接收"二小姐"更多的数据"家书"建立了顺畅的传输通道。

第4节

承上启下接力探月工程，嫦娥二号
展现中国航天实力

　　嫦娥二号任务的圆满完成，标志着中国在深空探测领域突破并掌握了一大批崭新的具有自主知识产权的核心技术和关键技术，为后续实施探月计划第二期工程的"落"和第三期工程的"回"，以及下一步对火星、金星等深空探测奠定了坚实的技术基础，中国从航天大国迈向航天强国的进程又跨出了重要的一步。

　　此外，嫦娥二号还通过创新设计、全面验证、精心实施，充分利用卫星剩余资源、发挥卫星潜能，从月球来到日地拉格朗日L2点，使中国成为世界上第三个造访日地拉格朗日L2点的国家，也是世界上第一个实现从月球轨道出发抵达该点的国家。这是中国第一次开展拉格朗日L2点转移轨道的设计和控制，并实现150万千米远距离测控通信，开展了具有国际特色和水准的多目标、多任务探测，取得了"好、快、省"的突出实效。另外，嫦娥二号与图塔蒂斯小卫星的交会，验证了中国能够通过对以往研究成果的转化、应用，开展国内外多站专项观测，实现了目标小行星定轨和预报，精度达到国际先进水平。

第五章

落月第一步

——带兔入驻广寒宫

嫦娥三号与玉兔一号小档案

当"二小姐"嫦娥二号还在天际遨游的时候,"三丫头"嫦娥三号就已经跃跃欲试,准备一飞冲天了。

嫦娥三号是"绕、落、回"三步里第二步"落"的初试。它于2013年12月2日成功发射,是中国第一个在月球软着陆的无人登月探测器,使中国成为世界上第三个实现月面软着陆的国家。嫦娥三号经受住了着陆、移动和长月夜生存三大挑战,使我国在探月路上取得了跨越式的进步。

和嫦娥一号、嫦娥二号不同,嫦娥三号由着陆器和巡视器组成。巡视器就是我国首辆月球车——玉兔一号。此次"嫦娥""玉兔"一起造访"广寒宫",并且互拍了影像留念。在任务目标上,嫦娥三号比"大小姐""二小姐"难得多:它需要实现"巡天""观地""测月"三个科学目标。巡天,指月基近紫外望远镜巡天观测;观地,是观察地球等离子体层的结构与密度变化;测月,即调查月表形貌、地质构造和潜在资源。

如何实现三个科学目标呢?

首先,嫦娥三号需要突破月球软着陆、月面巡视勘察,以及多窗口、窄宽度发射和高精度入轨等技术难题。嫦娥一号、嫦娥二号的发射窗口每天一次,宽度大概是35分钟;而嫦娥三号就显得急匆匆了,虽然有连续三天、每天两个窗口期,但每个窗口期都很窄——第一天的第一个窗口约4分钟,第二个窗口约1分钟。所以,虽然嫦娥三号同样走的是直通地月转移轨道的"快速路",入轨精度却比嫦娥二号高了许多。

其次，嫦娥三号需要研制月球软着陆探测器和巡视探测器，以具备带上"玉兔"一起实现月球软着陆探测的基本能力。

最后，嫦娥三号工程需要在工作过程中建立月球探测航天工程基本体系，形成重大项目实施的科学有效的工程方法。

嫦娥三号长什么样子呢？

金灿灿的嫦娥三号是我国第一个"有腿"的航天器，它一共有四条腿、六个轮子。值得称赞的是，嫦娥三号探测器的新技术比例达到80%以上。

嫦娥三号的着陆器搭载了月基光学望远镜（MUVT）、极紫外相机（EUVC）、地形地貌相机（TCAM）、降落相机（LCAM）四类有效载荷。巡视器，也就是玉兔一号月球车则携带了全景相机（PCAM）、粒子激发X射线谱仪（APXS）、测月雷达（LPR）和红外成像光谱仪（VNIS）四类有效载荷。

玉兔一号月球车为三轴六轮结构，麻雀虽小五脏俱全。它的"腿"就是轮子，"眼睛"就是相机和车底的测月雷达，既可以探测，也可以避障不翻车，"能量小翅膀"依然是我们熟悉的可活动的太阳能帆板，它还有一个机械臂，可以进行简单的探测活动。

全景相机拍摄的着陆器背面图像

月球上的"玉兔"

第2节

嫦娥三号奔月全纪实

2.1　五年准备，一朝飞天

- 2008年2月，嫦娥三号工程正式立项。
- 2011年1月20日，嫦娥三号着陆器推进分系统产品全系统方案热试车成功。
- 2012年3月13日，嫦娥三号任务正式由初样研制转入正样研制阶段。
- 2012年8月，嫦娥三号着陆器正式开始正样阶段测试。

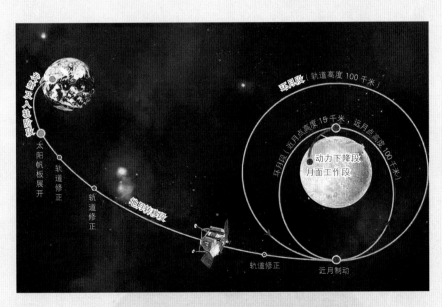

嫦娥三号飞行轨道示意图

· 2012年11月，嫦娥三号着陆器热试车力学试验工作完成。

· 2012年11月13日，嫦娥三号着陆器实物模型在珠海航展完成首次亮相。

· 2013年5月，嫦娥三号开始登月前的最后一项大型系统试验——热试验。

· 2013年8月24日，嫦娥三号探测器顺利通过出厂评审。

· 2013年8月28日，嫦娥三号任务由研制建设阶段转入发射实施阶段。

· 2013年9月11日凌晨5点，嫦娥三号探测器抵达北京首都国际机场。

· 2013年9月12日凌晨，嫦娥三号探测器搭载专用货机前往西昌卫星发射中心。

· 2013年9月25日，嫦娥三号月球车全球征名活动启动。

· 2013年11月1日，长征三号乙遥二十三运载火箭抵达发射场。

· 2013年11月26日，嫦娥三号月球车全球征名结果公布——"玉兔号"。

2.2 跟随"二小姐"，发射制动

2013年12月2日1时30分，西昌夜色深沉不见月，唯有繁星挂满天。

随着"3、2、1，点火，起飞！"的话音落下，长征三号乙运载火箭带着嫦娥三号瞬间点亮夜空，熟悉的轰鸣声响彻云霄。这是人类第130次探月之旅，与嫦娥一号的曲折路线相比，嫦娥三号选择和嫦娥二号一样走"直梯"。

12月6日，嫦娥三号开始实施近月制动，顺利进入100千米环月轨道。

12月10日，嫦娥三号进入月球背面区域，发动机成功点火，开始实施变轨控制。当重新回到月球正面时，嫦娥三号已经从距月面平均高度约100千米的环月轨道，成功进入近月点高度约15千米、远月点高度约100千米的椭圆轨道。

长征三号乙运载火箭带着嫦娥三号点亮夜空

2.3 经历"黑色12分钟",稳稳软着陆

12月14日,"黑色时刻"来袭。

从15千米高度的轨道降至月球表面,嫦娥三号的落月过程耗时12分钟,真可谓惊心动魄。重达3780千克的"三丫头"要完全自主控制,完成降低高度、测距、测速、选择着陆点、自由落体着陆等一系列高难动作,而此时远在家乡的科研人员几乎不能提供任何干预和支持。

7500牛变推力发动机开机,嫦娥三号开始动力下降,以1.7千米/秒的速度向月球呈抛物线降落。降落相机开机,此时的嫦娥三号已经减速到约600米/秒。随后嫦娥三号开始进入调整阶段,躲避障碍。在最后100米,嫦娥三号悬停,三维成像相机运转,规避石头和大坑。30秒后,嫦娥三号缓速下降。离月面4米时,7500牛变推力发动机关机,嫦娥三号自由落体降落在预设目的地。

在飞行了数十万千米后,我们的嫦娥三号成功抵达目的地,并安全着陆。

2.4 "嫦娥""玉兔"分离互拍,开始探测工作

着陆后不久,地面指控中心发出着陆器与巡视器分离的指令,"玉兔"走出"嫦娥"的怀抱,勇敢地迈出了走上月球的第一步。

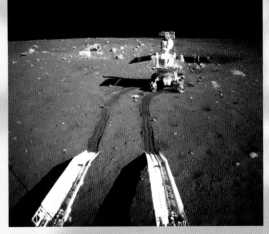

组图:"嫦娥"与"玉兔"互拍

12月15日晚，嫦娥三号着陆器和玉兔一号月球车进行互拍，两个小伙伴身上的五星红旗鲜艳夺目。随后，"玉兔"因为环境不适宜工作而进入"午休"。12月23日，"玉兔"提前结束"午休"，开始勘测工作。

　　可不要小瞧了这两幅五星红旗，是高科技使它们能够在外太空极端环境下始终保持鲜艳。

　　两器分离、成功互拍意味着"嫦娥"和"玉兔"功能稳定、携带载荷状态良好，这次软着陆、开展就位探测和巡视勘查的任务目标已经圆满实现。

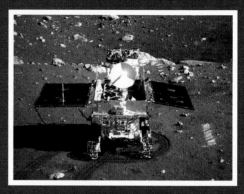

玉兔一号月球车在月球表面工作

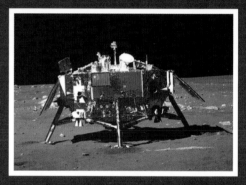

嫦娥三号着陆器安全着陆月面

玉兔一号月球车开展月面巡视探测

嫦娥三号拍摄的地球照片

第3节

嫦娥三号核心技术全解读

"落月"是探月工程继"绕月"后的第二步，但并不是第一步的简单延续，而是新的巨大跨越，是一次归零重启的过程。在中国航天史上，地外天体着陆和开展巡视及科学考察都是前所未有的。其中，涉及与嫦娥一号、嫦娥二号截然不同的诸多全新技术，不少项目要从零开始。

3.1 火箭升级，攻克六大专项技术

搭载嫦娥三号探测器的是长征三号乙增强型运载火箭。在长征三号乙运载火箭的基础上，嫦娥三号的"专车"突破了发射窗口变短、提高"两只眼睛"的入轨精度、量身打造"坐椅"、可靠性再跃升、提高运载能力、"现场直播"火箭飞行过程六大专项技术难关。

因为发射窗口短，入轨精度要求高，为了准确入轨，科研人员采用双激光惯组加卫星导航修正的复合制导技术，给火箭装了"两只眼睛"：一只"领航"，带火箭按计划飞行；一只"校正"，精确计算最佳途径并及时调整。

与嫦娥二号相比，嫦娥三号的结构与尺寸发生了较大变化。科研人员为嫦娥三号定制了探测器支架适配器，让嫦娥三号能够稳稳地坐在发射台上。

在运载能力方面，"长三乙"本来已经是当时我国运载能力最强的火箭，在它的基础上再增强，就意味着火箭运载能力的进一步提升。"长三乙"增强型火箭是三级捆绑式火箭，在"长三甲"的基础上捆绑了四个助推器，可以直接把嫦娥三号发射至近地点高度200千米、远地点高度约38万千米的地月转移轨道。

3.2 "睁眼"着陆，"嫦娥"安全抵达

在月球表面实现软着陆是非常困难的。苏联在成功实现气囊式盲降之前，连续失败了11次，美国也经历过六次失败，而中国却做到了一步到位！

常规来说，航天探测器降落有三种方法：第一种是气囊，但是会限制探测器的重量；第二种是空中吊车，技术太复杂、难度太大；第三种是着陆腿——这也是中国选择的方案。这个方案也有很多棘手之处，需要解决的核心问题有两个：一是控制发动机推力减速；二是测量避障。

说到减速降落，我们很容易想到降落伞。在地球上，我们可以利用空气阻力使用降落伞降落，而在没有空气的月球上，探测器只能通过发动机反推来实现平稳降速，这就要求发动机的推力可变，就像开车时我们可以根据需要随时加减挡一样。

当时，我国没有现成的发动机，也没有真空实验条件。我们的科研人员遇山开路、遇水架桥，没有发动机就设计研发，没有条件就创造条件，常规需要1—2年才能建成的高规格试车台，在他们的努力下，半年就投入了使用。经过50多次试车后，终于突破了发动机技术，研制出了7500牛变推力发动机。

仅仅靠减速就可以保证降落的绝对安全吗？答案是否定的。如果不小心降落在大坑里，探测器一定会有危险。那怎么才能让探测器"睁着眼睛"平安落地呢？

科研人员使用了四项技术给嫦娥三号上了多重保险：激光测距、微波测距测速、光学粗避障、激光三维成像。

在落地过程中，激光测距敏感器最先开始工作。它需要在嫦娥三号进入15千米轨道后全程监测与月面的距离，算出落月的速度，对嫦娥三号的着陆姿态进行控制。激光测距敏感器每秒发射两次激光，获得0.2米精度的距月高度。

激光三维成像敏感器则承担着解决"嫦娥"住哪里的问题。嫦娥三号想平稳着陆，周边就不能有高坡、陨石坑、大石块等障碍。激光三维成像敏感器可以采集月面的三维图像，识别所有高于20厘米的石头、低于20

7500牛变推力发动机

厘米的坑，避开8度以上的坡地，在长宽50米的正方区域里为嫦娥三号找到一个长宽各10米的安全着陆区。

在距月面100米的地方，嫦娥三号需要进行短暂悬停，扫描月面，避开障碍物，找到合适的着陆点。这个过程最长只有30秒。激光测距敏感器还有一次关机再开的机会，而激光三维成像敏感器只有三次拍照机会。幸运的是，嫦娥三号的第一次扫描就成功了。

在实际工作过程中，激光三维成像敏感器就像在颠簸的汽车上拍照，成像很难清晰。那该怎么解决这个问题呢？无他，唯手快尔。只要激光三维成像敏感器拍照足够快，"手抖"也能拍到好照片。因此，科研人员选择启动16台激光器同时工作，提高效率，争取在250毫秒里就能拍摄一张三维图。

那万一三次都没有拍到清晰的照片，嫦娥三号该怎么着陆呢？

别担心，还有最后一重保障——着陆腿。

嫦娥三号的着陆腿里含有拉伸材料，拉杆在受力的情况下可以伸缩，这也是我国航天史上的一次创新之举。

技术突破和创新几乎贯穿了嫦娥三号从研制到软着陆技术全程的所有环节。科研人员通过努力，使嫦娥三号克服了反推减速、自主控制和着陆缓冲三大技术难点，实现了成功软着陆的任务目标，结束了人类无人探测器在月球盲降的历史，成就了中国航天的辉煌。

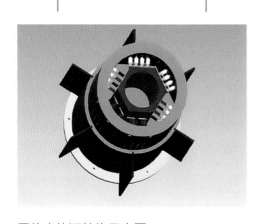

同位素热源结构示意图

3.3 温暖守护，"嫦娥"度过漫长月夜

落月后，嫦娥三号面临的最大难关就是在

"冰冷刺骨""无电可充"的长月夜下如何生存。科研人员首次采用了同位素热源及两相流体回路、隔热组件和电加热器等方案，确保舱内温度控制在–50摄氏度—5摄氏度，通过"盖被子""开空调"让"三丫头"能够睡过长达14个地球日、温度只有–180摄氏度的长月夜，再被第一缕温暖的阳光唤醒。

月基光学望远镜

3.4 巡天、观地、测月，"嫦娥"大展身手

作为目前世界上在月面工作时间最长的航天器，嫦娥三号通过开展"巡天""观地""测月"等科学探测，获得了大量科学数据。

巡天——月亮之上，嫦娥可以白日观星

嫦娥三号上的月基光学望远镜相当于在月球上架设了一座"天文台"，这是国内外天文学界首次实现真正意义上的月基光学天文观测。

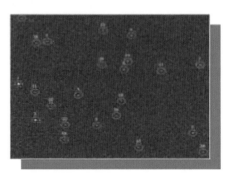

探测极限优于13等星的连续近紫外波段图像

在月亮上观测太空有哪些好处呢？

第一，月球上没有大气，可以避开大气扰动、臭氧分子吸收和拉曼散射，让近紫外观测成为可能，看得更加清晰；

第二，月基的恒星周天运动比地基慢27倍，可以不分白昼黑夜地进行持续监测，从而更彻底地揭示各种复杂的光变行为。

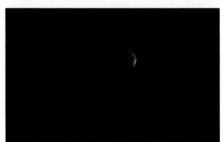

组图：嫦娥三号拍摄的地球

观地——月球视角，纵览地球

"不识庐山真面目，只缘身在此山中。"

因为身在地球，所以我们很难看清地球的结构全貌。嫦娥三号配有极紫外相机，能够实时记录太阳光、磁层、大气层的相互作用，这是人类第一次在月球上对整个地球等离子体层进行观测，为人类空间科学研究和自然灾害预报研究提供了科学的基础数据。

通过这次"观地"，我们首次发现了地球等离子体层边界在磁层亚暴的影响下发生凸起，揭示了太阳活动对地球空间环境的影响。同时，确认了地球等离子体层的尺度与地磁活动强度呈反相关关系。

嫦娥三号的极紫外相机观测只是"小试牛刀"，随着我国探月活动的深入展开，未来我们还有机会在月球表面建立专门的月基对地观测站，能更精准地提高我国空间天气监测预报能力。

着陆器极紫外相机

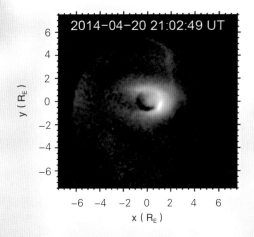

15个地球半径的大视场等离子体层极紫外成像（R_E：地球半径）

测月——在月球上做化学实验

嫦娥三号利用玉兔一号开展了着陆区月壤内部与月壳浅层结构探测。玉兔一号上搭载的全景相机、红外光谱仪、粒子激发X射线谱仪和探月雷达等设备，帮助我们在国际上首次揭示了月球雨海区的火山演化历史，发现了一种新型的月球玄武岩。同时，首次研制的超宽频带测月雷达"边走边探"，绘制了世界上首幅月球地质剖面图，即着陆区月壳浅层330米深度内的剖面结构特性及地质演化图。

3.5 "玉兔"三问

玉兔一号月球车的质量为137千克，呈长方形盒状，太阳翼收拢状态下长1.5米，宽1米，高1.1米，周身银光闪闪，可以六轮独立驱动、四轮独立转向。作为一只"兔子"，它每"步"可以走出7米，时速可达每小时200米。它靠"眼睛"走路，当遇见角度大于20度的缓坡、高于20厘米的障碍或者直径大于2米的撞击坑时，能够自主越障或避障。为了方便在月球上开展科学探测任务，玉兔一号还携带了很多实用的工具。

"玉兔"的名字来自新华网和腾讯网联合发起的征名活动，共收到193087份征名作品。这些名称都包含着中华民族优秀而又深厚的文化内涵，以及对中国航天的深切热爱和美好希冀。此次征名活动不仅加深了大众对我国探月工程的了解，也反映出全国同胞和海外侨胞对于国家科技进步的关心。其中，"玉兔"一名蕴含着中华民族传统文化中的美好寓意，善良、纯洁、敏捷的形象与月球车的构造、使命既形似又神似，因此成功中选。

第一问：玉兔一号本领有多大？

答：万里迢迢到达月球的"玉兔"非常忙，需要带着探测仪器在月球表面进行多点就位探测。

它得学会独自探测： 玉兔一号需要在月球表面一定区域内安全行驶，并顺利接近感兴趣的探测目标，且具备自主实现危险应急和局部避障能力。玉兔一号的主要工作模式有三种：行走、探测、通信。它依靠摇臂悬架构型、轮式行走装置完成移动，通过立体视觉识别周围环境，为自己选择安全的道路；还可以利用机械臂辅助仪器实现就位探测，利用测月雷达探测月壤厚度和分层等信息。

它会自己睡觉和起床： 当月面的光照和温度环境不能满足玉兔一号的工作需求时，玉兔一号会"劳逸结合"，进入休眠模式，但不能"死机"，得按时醒来。在月夜期间，热控系统负责提供仪器的储存温度条件，关闭所有科学探测仪器，静待下一个黎明。当光照条件达到要求时，玉兔一号就会"伸个懒腰，自己醒来"，继续下一轮工作。

第二问：玉兔一号的车轮有何不同？

答：由于月球环境与地球的大不相同，即使看起来一样的细沙，差异也很大。地球上的沙子经过风蚀作用，形态圆润；而月球上没有空气，自然也就没有风，沙子尖利，普通的轮子走不了多久就会被磨坏。

于是，航天工程师们经过三年多的论证和大量地面测试，选择了类似纱窗的车轮，允许沙子漏出去，既能够为车轮减重，也具有一定弹性。

征名中的月球车

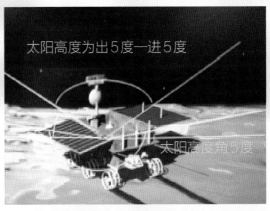

月球车自主休眠、唤醒示意图

第三问：玉兔一号如何在月夜酣梦？

答："广寒宫"名副其实，月夜时温度可以降到-180摄氏度，此时如何为玉兔一号保暖，就成了当务之急。

第一个小妙招是帮玉兔一号找到合适的"床"。 我们知道，动物在冬眠时会选择避风、朝阳的山洞，玉兔一号在月面上的栖息地自然是首选向阳坡。当太阳从东边升起，照亮玉兔一号的"小翅膀"，巡视器获得能源时，玉兔一号就能自主苏醒了。其次，为了让玉兔一号躺得舒服，满足"滚动、俯仰、偏航"这三个方向的姿态要求，除姿势要保证车头朝南稍偏东、车头高车尾低以外，困难的是要求车体的左右侧倾在-2度—1度。当然，实在找不到合适地点的时候，玉兔一号也可以通过单侧车轮行进，给自己"刨"一个坑出来。

第二个小妙招是睡前先"吃饱"。 玉兔一号睡前会先用"肚子"里同位素电池的核能给内部设备保温。这是嫦娥三号首次创新使用的放射性同位素热源和两相流体回路技术。

第三个小妙招是"缩"起来。 玉兔一号不仅要关掉载荷设备、减少用电，还要把舱外的桅杆、云台等部件都收回舱内。此外，还要把一个太阳翼收拢回来，像被子一样盖在舱上。

尽管科研人员为玉兔一号做了很多准备，但太空探索充满不确定性，风险依然无处不在。2014年2月，工作不到两个月的玉兔一号突然不能动了，到了寒冷的月夜，无法"盖被"，只能"裸睡"。

为了实现嫦娥三号落月巡视勘察，我国建立了一套深空测控网站。东北佳木斯极寒的密林深处，有一座66米大型测控网站；西北新疆喀什的荒凉戈壁中，有一个35米的大型测控网站。这两座全新启用的深空测控网站为航天任务提供了更远的探测支持距离、更高的通信速率、更加稳定和误差更小的探测支持能力。

玉兔一号"沉默"之后，佳木斯深空站的"大天线"仍然一遍遍深情而急切地呼唤着"玉兔"，皇天不负苦心人，终于收到了一丝微弱的回音。2月14日，大街小巷充满了玫瑰气息，一直不放弃呼唤的深空站重新接收到远在月球的玉兔一号的载波信号，从"失声"到"回音"，不禁让嫦娥三号团队感到悲喜交加。他们的心情真如杜甫的诗句——"剑外忽传收蓟北，初闻涕泪满衣裳，却看妻子愁何在，漫卷诗书喜欲狂。"

位于远处"月平线"上的嫦娥三号着陆器

　　2016年7月1日，玉兔一号结束了全部工作，设计寿命约90天的它无声地努力了更久、更久。

　　在嫦娥三号的探测任务中，玉兔一号功不可没，它帮助"三丫头"完成了很多"不可能完成的任务"，比如绘制世界上首幅月球地质剖面图——"广寒宫"月壳浅层330米深度内的剖面结构特性及地质演化图；科学家们还利用玉兔一号探测到的数据，首次揭示了月球雨海区的火山演化历史。

第4节
嫦娥三号的中国特色

2013年，嫦娥三号与我国首辆月球车玉兔一号成功落月，实现了我国航天器首次地外天体软着陆，迈出了我国探月工程三步走中承前启后的关键一步，昭示着我国的探月技术走在了世界前列。

长风破浪会有时，直挂云帆济沧海。"每一行代码都是我们自己写的"，简单的一句话背后却是长达数年的独立研究、独立制造、独立试验，探月工程任务的连续成功正是我国航天领域落实创新驱动发展战略的重大成果。也许我们听不到深空中嫦娥三号的足音，但一定能够看到月球上的五星红旗，在心中奏起属于中国航天自主创新的世纪赞歌。

迢迢飞天路，悠悠中国梦。嫦娥三号翩翩落月、玉兔一号踏月而行，在月球表面第一次留下了中国足迹，将我们的航天梦在月球上变成现实，也将中华民族非凡的创造力记录在了人类科技发展的光辉史册上。

嫦娥三号环拍图

组图：嫦娥三号环拍图（局部图）

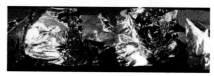

第六章 落月第二步

—— 鹊桥相会，初窥月背

第1节

嫦娥四号与玉兔二号小档案

　　嫦娥四号是人类第一个着陆月球背面的探测器，奏响了我国探月工程二期"落"的第二乐章。

　　我们在地球上永远看不到月球的背面，在月球背面着陆的探测器也不能直接和地面站进行无线电通信，为此我们需要先把作为"鹊桥"的中继星送入地月拉格朗日L2点晕（Halo）轨道运行，让"鹊桥"同时看到地球和月球，为后续发射的嫦娥四号提供与地球之间的通信支持。

　　2018年12月8日，在西昌卫星发射中心，长征三号乙运载火箭搭载着嫦娥四号探测器发射成功，开启了月球探测的新旅程。嫦娥四号探测器经历地月转移、近月制动、环月飞行，最终实现了人类探测器首次月球背面软着陆，开展了月球背面就位探测及巡视探测，并通过已在使命轨道运行的"鹊桥"中继星，实现了月球背面与地球之间的中继通信。

　　同样是"预备役"转正，嫦娥四号虽然是嫦娥三号的备份星，却转正成为与嫦娥三号截然不同的全新航天器，两者在任务目标、有效载荷、着陆环境、通信方式等方面都大不相同。

　　嫦娥四号专注月背研究和打造"鹊桥"。在科学任务目标方面，嫦娥四号主要负责全程探测月球背面，获取第一手月背相关数据，实现月基低频射电天文观测、月球背面巡视区浅层结构探测和月球背面巡视区形貌、矿物组分探测。而

在工程任务目标上，嫦娥四号锁定了两个国际首次：首次实现了月球背面软着陆和巡视勘察，首次实现了地月拉格朗日L2点中继星对地、对月的测控、数传中继。

外表长得像，"嫁妆"大不同。嫦娥四号沿用了嫦娥三号的降落相机、地形地貌相机等装备，还增加了国内新研发的低频射电频谱仪，以及德国的月表中子与辐射剂量探测仪，用来取代嫦娥三号的月基光学望远镜、极紫外相机。此次设备替换，是因为截至嫦娥四号发射前，嫦娥三号的月基光学望远镜还在"服役"。嫦娥四号采用新的能源供给方式——同位素温差发电与热电综合利用技术，以保证它可以安全度过寒冷漫长的月夜，并能开展探测工作，从而在国内首次实测了长月夜期间浅层月壤的温度。

嫦娥三号着陆难？嫦娥四号月背着陆难上加难！尽管嫦娥三号还在月球工作，但此次发射的嫦娥四号却没有与它相见的计划。嫦娥四号的主着陆区是月球背面的冯·卡门撞击坑，那里不仅要比嫦娥三号着陆的月球正面虹湾区面积小，地形也更复杂，可以说全是"坑"，想找到平坦的着陆地真是难上加难。如果说"三丫头"着陆在华北平原，那"四姑娘"就好比是降落在云贵川的崇山峻岭间。所以，嫦娥三号可以弧线下降，而嫦娥四号就必须几乎垂直着陆。另外，比起嫦娥三号可以与地球直传信号，目标在月背的嫦娥四号必须通过"鹊桥"这个接线员才能与地球"飞鸽传书"。

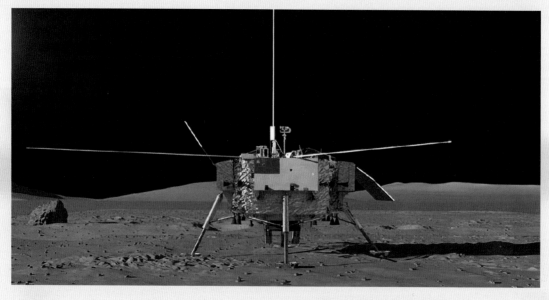

嫦娥四号

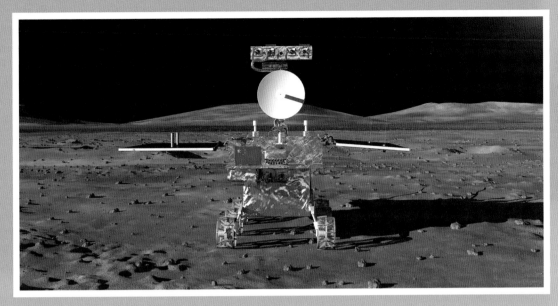

嫦娥四号月球车外观设计构型

　　除上述特别之处，"四姑娘"还是个社交好手。为增进国际交流与合作，扩大开放共享，在嫦娥四号任务中，我国与荷兰、德国、瑞典、沙特开展了四项科学载荷方面的国际合作。此外，还搭载了三项由哈尔滨工业大学、中山大学、重庆大学等国内高校研制的科学技术实验项目。

　　与绕月阶段孑然一身的嫦娥一号、嫦娥二号相比，落月阶段的嫦娥三号和嫦娥四号都带了"小跟班"。继嫦娥三号发射前给月球车征名活动之后，嫦娥四号发射前也开启了第二轮月球车征名活动。活动一如既往地火爆，海内外各行各业民众积极参与，参加者年龄最大的94岁，最小的只有7岁。在14847份有效名称中，有的引入嫦娥奔月、玉兔捣药、天狗食月、吴刚伐桂、蟾宫折桂等古代传说故事；有的参阅诗词经典名句，赋予美好祝愿，如引用屈原《楚辞·离骚》："前望舒使先驱兮，后飞廉使奔属"里的"望舒"，寓意月球车好似驾车飞升、月宫漫步；有的体现中国探月"追逐梦想、勇于探索"的理念和追求，提议"开拓""求索""先锋""巡天""问月"；也有与中国梦相关的"梦想号""追梦号""载梦号"。然而更多的参与者对"玉兔"一往情深。最终经专家评议推荐、网友投票选择，"玉兔二号"以最高票中选。

　　玉兔二号仍配置了全景相机、测月雷达、红外成像光谱仪，但替换掉了粒子激发X射线谱仪，新增了瑞典的中性原子探测仪，这是国际首次在月表开展能量中性原子探测。

第2节

嫦娥四号奔月全纪实

　　由于嫦娥四号需要落在月球背面，通信信号被月球挡住，无法与地面联络。所以为了保障"四姑娘"抵达月背后能够与地球上的"娘家"联系，在发射嫦娥四号前，科研人员先发射了一颗可以"牵线搭桥"的鹊桥号中继星，用以传递通信信号。

· 2016年1月，嫦娥四号任务正式实施，包括中继星和探测器两次任务。

· 2018年4月，嫦娥四号中继星定名为"鹊桥"。

· 5月21日，鹊桥号中继星发射升空。

· 8月15日，嫦娥四号对外公布着陆器和月球车外观，并在全球进行征名活动。

· 10月25日，嫦娥四号任务科学研讨会召开。

· 12月8日，嫦娥四号成功发射升空。

· 12月12日，嫦娥四号完成近月制动，被月球捕获，进入了近月点约100千米的环月轨道。

· 12月30日，嫦娥四号探测器完成环月降轨控制工作。

· 2019年1月3日，嫦娥四号着陆于月球背面，着陆器与巡视器随即分离，进行就位探测和巡视探测工作；同日，官方公布月球车征名活动结果，将其定名为"玉兔二号"。

· 1月11日，嫦娥四号和玉兔二号月球车完成两器互拍工作。

· 1月14日，嫦娥四号和玉兔二号月球车陆续进入休眠状态。

· 3月30日，嫦娥四号自主唤醒，中继前返向链路建立正常，平台工作情况正常。

· 6月9日，嫦娥四号完成月夜设置，进入第六月夜休眠期。

· 2022年1月15日，嫦娥四号再次进入月夜休眠，各系统状态良好。

· 2022年7月5日19时14分和7月6日6时，玉兔二号月球车和着陆器分别完成休眠设置，结束第44月昼工作，进入第44月夜休眠。截至此刻，玉兔二号月球车已累计在月球背面行驶约1600米。

2.1 搭鹊桥，迎嫦娥

鹊桥号中继星是国际首颗运行于地月拉格朗日L2点的通信卫星，也是国际首颗运行在地月L2点晕轨道的卫星。

· 2018年5月21日5时28分，嫦娥四号任务鹊桥号中继星在西昌卫星发射中心成功发射升空。

· 5月25日21时46分，鹊桥号中继星成功实施近月制动，进入月球至地月拉格朗日L2点的转移轨道。

· 6月14日11时06分，鹊桥号中继星成功实施轨道捕获控制，进入距月球约6.5万千米的环绕地月拉格朗日L2点的晕轨道。

请注意，鹊桥号中继星不是运行在地月拉格朗日L2点上，而是在它的晕轨道——使命轨道上。否则，就会被月球挡住。使命轨道在地球、月球延长线上，距月球6.5万—8万千米。在这条轨道上，鹊桥号中继星能够同时看到地球和月球的背面，为两端传输测控通信信号和科学数据，还能节省燃料。

鹊桥号中继星发射升空现场

2.2　迢迢万里路，揭开探月新篇章

2018年12月8日凌晨，夜色深沉如墨，一抹亮色唤醒了睡梦中的群山。依旧是熟悉的西昌卫星发射中心，长征三号乙运载火箭携"四姑娘"出发，稳稳地将嫦娥四号送至可直奔月球的地月转移轨道上。

嫦娥四号的登月路已经是相对熟悉的风景。

12月12日，经过约110小时的长途跋涉，嫦娥四号抵达月球附近，成功实施了近月制动，踩了一脚堪称完美的"太空刹车"，顺利被月球捕获，进入了近月点约100千米的环月轨道。

虽然已经有过三次成功经历，近月制动依然是月球探测器飞行过程中非常关键的一次轨道控制。当嫦娥四号飞临月球附近时，探测器通过减速制动，使它的相对速度低于月球逃逸速度，从而留在月球引力的范围里。根据北京航天飞行控制中心科研人员发送的指令，在距月面129千米处的地方，嫦娥四号成功实施7500牛变推力发动机点火，大约5分钟后关闭发动机，顺利进入环月轨道。

探月工程嫦娥四号探测器成功发射，开启了人类首次月球背面软着陆探测之旅

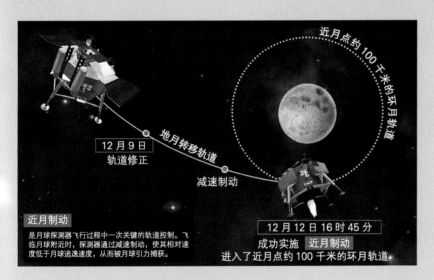

近月点约100千米的环月轨道

12月9日
轨道修正

地月转移轨道

减速制动

近月制动
是月球探测器飞行过程中一次关键的轨道控制。飞临月球附近时，探测器通过减速制动，使其相对速度低于月球逃逸速度，从而被月球引力捕获。

12月12日16时45分
成功实施 近月制动
进入了近月点约100千米的环月轨道

嫦娥四号探测器成功"刹车"进入环月轨道飞行

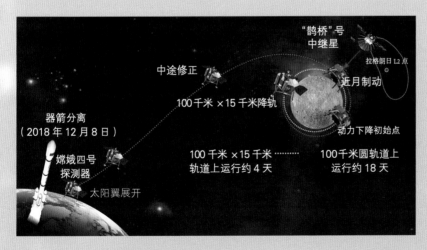

"鹊桥"号
中继星

拉格朗日L2点

中途修正

近月制动

100千米×15千米降轨

器箭分离
（2018年12月8日）

动力下降初始点

嫦娥四号
探测器

太阳翼展开

100千米×15千米
轨道上运行约4天

100千米圆轨道上
运行约18天

嫦娥四号飞行轨道示意图

嫦娥四号在环月轨道运行一段时间后，调整环月轨道高度和倾角，开展与鹊桥号中继星的中继链路在轨测试和导航敏感器在轨测试，确保探测器可以进入预定的着陆区，择机实施月球背面软着陆。

2018年12月30日，嫦娥四号在环月轨道成功实施变轨控制，顺利进入预定的月球背面着陆准备轨道。

2019年1月3日10时15分，嫦娥四号开始从距离月面15千米的地方实施动力下降。7500牛变推力发动机成功开机，逐步将嫦娥四号的速度从相对月球1.7千米每秒的速度降为0。在距离6千米—8千米的高度上，嫦娥四号快速调整姿态，不断接近月球；在关键高度100米的时候，嫦娥四号熟练地悬停，对障碍物和坡度进行识别、自主避障，在选定一块相对平坦的区域后，缓速垂直下降。

10时26分，嫦娥四号成功着陆于月球背面南极艾特肯盆地内的冯·卡门撞击坑中，并通过鹊桥号中继星传回了世界第一张近距离拍摄的月背影像图，实现了人类探测器首次月背软着陆、首次月背与地球的中继通信。这是人类创造物第一次出现在月球背面，开启了人类月球探测的新篇章。

1月3日15时07分，嫦娥四号着陆器和巡视器分离。着陆器伫立在月球表面，展开"翅膀"——太阳翼，玉兔二号巡视器则站在着陆器顶部，跟着展开了太阳翼。随后，转移机构正常解锁，在着陆器与月

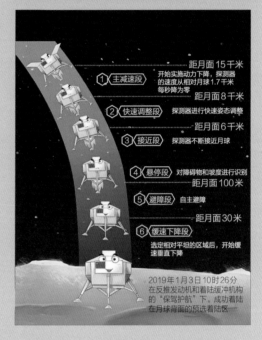

① 主减速段 距月面15千米 开始实施动力下降，探测器的速度从相对月球1.7千米每秒降为零

② 快速调整段 距月面8千米 探测器进行快速姿态调整

③ 接近段 距月面6千米 探测器不断接近月球

④ 悬停段 对障碍物和坡度进行识别

⑤ 避障段 距月面100米 自主避障

⑥ 缓速下降段 距月面30米 选定相对平坦的区域后，开始缓速垂直下降

2019年1月3日10时26分在反推发动机和着陆缓冲机构的"保驾护航"下，成功着陆在月球背面的预选着陆区

嫦娥四号探测器月背着陆过程示意图

嫦娥四号探测器动力下降过程降落相机拍摄图像

嫦娥四号着陆器监视相机C拍摄的玉兔二号巡视器驶上月面影像图

嫦娥四号着陆器监视相机C拍摄的着陆点南侧月球背面图像，巡视器将朝此方向驶向月球表面

玉兔二号的巡视器为什么要"午休"？

　　月午期间的月面温度过高，为了保护巡视器及其科学载荷，科研团队让巡视器进入午休模式。

面之间搭起了一架"滑梯"，玉兔二号缓缓驶向转移机构，沿着这座斜梯缓缓滑向月面。22时22分，玉兔二号成功踏上月球。

　　至此，我国探月工程五战五捷。自嫦娥四号顺利着陆月球背面预选区域以来，相继完成了中继星链路连接、有效载荷开机、两器分离、巡视器月午休眠及唤醒、两器互拍等任务。在圆满完成工程任务后，嫦娥四号开始进入科学探测阶段，着陆器和巡视器继续开展就位

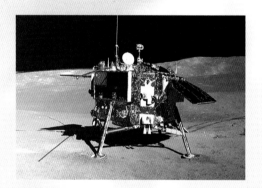

玉兔二号巡视器全景相机对嫦娥四号着陆器成像

嫦娥四号着陆器地形地貌相机对玉兔二号巡视器成像

探测和月面巡视探测。

通过玉兔二号的行驶路线记录图，我们可以看到嫦娥四号的着陆相当惊险。它精准巧妙地降落在一堆小环形坑中间，附近就有一个直径约20米、深度约4米的"大环形坑"。嫦娥四号虽然平稳着陆了，但玉兔二号的难题才刚刚开始，因为它要走出这片崎岖不平的地区。

我们为什么要选这块地方作为着陆点呢？

嫦娥四号着陆的南极艾特肯盆地直径约2500千米、深13千米，是太阳系已知的最大、最深、最古老的撞击坑。着陆时，嫦娥四号扬起的月尘比嫦娥三号着陆时更多，与月球正面虹湾区相比，月球背面的着陆区石块较少、月尘更厚，这说明嫦娥四号的落区可能暴露时间更久、月壤风化时间更长、年代更古老。

随着嫦娥四号成功着陆月球背面，科学家们进行了一系列新的科学探索，比如利用玉兔二号携带的可见光和近红外光谱仪的探测数据，证明了嫦娥四号的落区月壤中存在以橄榄石和低钙辉石为主的月球深部物质。这是嫦娥四号实现月球背面软着陆后，我国科学家首次发表的重要科学研究成果。

嫦娥四号巡视器前44个月昼行驶路线图

嫦娥四号核心技术全解读

3.1　为什么要去月球背面

由于月球绕地球公转的周期和月球自转的周期完全一致，加之地球潮汐的锁定，地球的强大引力把月球牢牢地"按"住，月球只能始终"犹抱琵琶半遮面"，给地球上的我们展现光滑的正面，以至于月球背面就显得太神秘了，我们从未真正揭开过它的面纱。于是，我们派出了嫦娥四号，到月球背面去进行一次实地观测。

月球背面具有独特的电磁场环境和地质特征，非常适合开展低频射电探测等空间天文学研究，以及月球物质成分探测等科学研究。从1958年开始，人类历史上进行过110多次的月球探测，其中着陆探测只有不到20次，且都只是着陆在月球正面。那我们为什么不到月球背面去看看呢？答案很简单，太困难了。

月背的高地、撞击坑很多，月球探测器能否安全着陆是让科研人员头疼的第一大难题。再加上月背通信不畅，探测器安全风险直线上升，所以在嫦娥四号发射前，国际上对于月球背面着陆探测仍是一片空白。此次嫦娥四号去往月球背面既是我们中国航天人敢为人先、勇于探索的选择，也非常有利于增进人类对宇宙奥秘的认知。

另外，月球背面比正面保留着更为原始的状态，对研究月球和地球的早期历史具有重要价值。月球背面还可以屏蔽来自地球的各种无线电干扰信号，因而在那里能够监测到地面和地球附近的太空无法分辨的电磁信号，有望取得重大探测成果。

3.2　鹊桥照亮嫦娥飞天路

鹊桥号是一颗中继卫星，属于通信卫星的一种，被形象地称为"卫星的卫星"。中继卫星是为卫星、飞船等航天器提供服务的，可以极大地提高各类卫星的使用效益和应急能力，实时下传资源卫星、环境卫星上的探测数据。

作为嫦娥四号和地球的通信中转站，"鹊桥"的架设位置很关键。鹊桥号中继星发射预定的位置就是地月系中的拉格朗日L2点。

牛郎织女相会的鹊桥由喜鹊搭成，而为地月牵线的"鹊桥"则全部由高科技产物组成。鹊桥号中继星载有伞状抛物面天线、测控天线和数传天线三类天线。其中，伞状天线展开直径可达4.2米，是人类深空探测史上口径最大的通信天线。

鹊桥号中继星在成功入轨之后，便快速进入工作状态，建立起三条链路——对月前向链路、对月反向链路及对地数传链路，分别实现了自己与嫦娥四号、地面站的双向通信。为了确保通信链路正常，鹊桥号中继星需要在全程高速动态的运行中，始终保持天线对准嫦娥四号，并预判嫦娥四号的动作，以便及时调整自己的姿态，避免出现通信链路"卡顿"。

除为嫦娥四号任务提供中继服务之外，鹊桥号中继星发射时还搭载了两颗微小试验卫星。其中，微小试验卫星B成功地获取了地月合影、月表局部影像等科学数据。鹊桥号中继星上的有效载荷还为开展科学与技术实验提供了支持，如由中山大学研制的激光角反射镜，在此次任务中与地面站配合开展了中继星的精密跟踪、激光发射、回波探测等科学实验，同时开展了迄今为止最远距离的激光测距试验，为未来的应用奠定了技术基础；荷兰与中国科学家联合研制的低频射电探测仪，可以"聆听"来自宇宙深处的"声音"，并与地面上的探测设备联合进行干涉测量。

3.3　漫长等待，一朝功成

好事多磨，静候时机

与三位"姐姐"相比，嫦娥四号的发射窗口受到的限制更多——奔月轨道需要调整近月点经度和飞行时间，使环月轨道临近着陆点上空，为落月创造条

件；在奔月飞行过程中，需要考虑太阳能帆板受晒的问题，要求太阳光入射方向与太阳能帆板之间的夹角保持在一定范围内；在飞行和着陆过程中，需要考虑连续测控问题……在各种约束条件的限制下，适合嫦娥四号出发的时间就只有12月8日和9日，每天各有两个窗口，全加起来也没有几分钟，真的是"错过等一年"。

嫦娥四号发射入轨之后，入轨倾角与落区位置都不适合着陆，大约有270度的偏差，必须要等月球自转进行修正。加之它的预定着陆区南极艾特肯盆地一带正在进入夜晚，着陆风险较大，综合考虑后，科研人员指示嫦娥四号"静候时机"。

当然，在这段时间里嫦娥四号也没闲着。它与鹊桥号中继星共进行了四次中继链路测试，开展了激光测距、三维成像、微波测距测速等导航敏感器在轨测试，利用充足的时间为实施月球背面软着陆做好了准备。

强化装备，迎难而上

前往月球背面的嫦娥四号必须依赖鹊桥号中继星才能与地面通信，中转过程会产生60秒左右的时间差，但整个落月过程很快，仅有600秒左右，地面干预指令根本来不及传输，所以嫦娥四号只能"靠自己"。

嫦娥四号的着陆区仅相当于嫦娥三号着陆区面积的八分之一，周围还有海拔近10千米的高山，附近地形起伏差达6千米，这样的着陆区大大提高了嫦娥四号着陆的风险和难度。

为了顺利完成任务，科研人员给嫦娥四号配备了两只"眼睛"：第一只是能测距的激光测距敏感器；第二只是会避坑的激光三维成像敏感器。

嫦娥四号的激光测距敏感器，并非嫦娥三号的同款设备，而是全新的定制款。它通过向月面发射激光脉冲，测量激光发射脉冲信号与月面回波脉冲信号的时间间隔，来获得嫦娥四号与月面的精确距离，为着陆器提供高精度的测距数据。

激光三维成像敏感器则是在嫦娥四号悬停时，通过迅速发射多束激光，对月面着陆区域扫描成像，获得密集、高分辨率的月面三维图像，经过着陆器计算分析后，选择最佳着陆区以实现安全软着陆。

2019年1月3日，经过26天环月飞行等待的嫦娥四号终于迎来了最佳着陆时机，它信心满满、果断利落地按照预定计划降落，一次成功，在中国航天史上留下了属于自己的绚烂篇章！

嫦娥四号巡视器车轮

3.4 玉兔二号勤勤恳恳，至今服役遥望地球

玉兔二号作为巡视器，与着陆器的原地探测不同，它需要进行移动探测，执行机动任务。所以，科研人员在玉兔一号的技术基础上，对其移动能力进行了强化，大大提高了它的通过性、机动性及地形适应性，不仅使玉兔二号具有了一定的障碍识别和自主避障能力，它的智能水平和自主性也更强了。由于此次嫦娥四号着陆区域地形复杂，科研人员在应对意外状况方面开展了多项系统试验，对石块落入车轮内部、驱动机构频繁启停，以及巡视器极限移动等多种状况均进行了逐一测试并形成了应对方案，这使我们的"小玉兔"更加聪明，能独立地处理工作过程中出现的问题。

玉兔二号与玉兔一号外表相似，携带了全景相机、红外成像光谱仪、测月雷达、中性原子探测仪四件装备。

嫦娥四号着陆器监视相机C拍摄的玉兔二号在A点影像图

"午休避暑"

"玉兔回旋舞"——原地转向探测

　　月球上的1天约为地球上的29.5天，勤劳的玉兔二号"日出而作，日落而息"，劳逸结合。当月球处于白昼的时候，它会勤勤恳恳地进行探测工作；当月夜将要来临时，玉兔二号会自发地走到休眠点，掉转车头朝向南方，固定两个"小翅膀"朝向东西两侧，地面站则控制玉兔二号接通供热装置，给自己打开"暖气"。月夜来临，玉兔二号开始休眠，收拢桅杆和活动侧太阳翼，进入"梦乡"。14天后，新的月昼来临，只要阳光照到玉兔二号朝东的"小翅膀"，太阳翼达到预设发电功率后，玉兔二号就会"起床"，自主唤醒，启动、接通电源，打开中心计算机，依次展开活动侧太阳翼和桅杆。同时，玉兔二号会向鹊桥号中继星发出信号、建立通信，告诉地面站"我要开始工作啦"。

　　当月球的"中午"来临时，月表气温达到最高，玉兔二号也会进行小小的"午休"——进入最小工作模式。随着太阳高度角下降，气温降到适宜工作的温度后，玉兔二号恢复正常工作模式，开始进行"下午"的工作。

　　玉兔二号不仅会走直线，还能在原地画一个圈——选定月面地点进行360度转向探测。机灵的"小玉兔"

可以在行驶至预定探测区域后，依次分八个偏航角转动一圈，在各航向角下通过红外光谱仪、中性原子探测仪开始探测，并启动避障相机成像，探测完毕后将数据传回地球。

除了"会跳舞"，玉兔二号还能"回头看"。车辙探测是对行驶路线上车辙压翻出来的月壤进行红外探测。完成这个任务需要地面站先计算好转向角度，确保红外视场可以覆盖玉兔二号行驶的车辙；随后玉兔二号根据指令转向约180度，利用红外光谱仪"回头看"，对车辙进行探测，探测完成后"转回头"继续进行后续工作。

另外，玉兔二号还能进行定点探测，如在"立定"的状态下，研究太阳高度角变化对月面某点的反射光谱影响。

在完成第25个月昼的工作后，玉兔二号打破了世界纪录，成为目前世界上月面工作时间最长的月球车。时至今日，这只勤恳的"小玉兔"仍然在月球上忙碌着，还时不时地通过"鹊桥"告诉我们它的新收获。

第4节

全靠本事硬，敢为天下先

万事开头难，这是我们每一个人都深知的道理。在深空探月之旅中，已知与未知的困难层出不穷，我们的航天人坚持走中国特色自主创新之路，改变了关键核心技术受制于人的局面，敢于下深空探测先手棋，占得月背探索先机。

嫦娥四号任务的圆满完成，在人类历史上首次实现了航天器在月球背面软着陆和巡视勘察，首次实现了地球与月球背面的测控通信，在月球背面留下了第一行中国足迹，开启了人类探索宇宙奥秘的新篇章。

在嫦娥四号的探索路途中，我们的航天人自强不息，坚持技术创新，同时开放合作，携手多个国家和国际组织开展了具有重大意义的国际合作。比如：嫦娥四号搭载有德国和瑞典的载荷；鹊桥号中继星上配置了来自荷兰的低频射电探测仪；与俄罗斯合作的同位素热源则保障了嫦娥四号和玉兔二号安全度过月夜；我国在阿根廷建设了深空站，欧洲航天局测控站也参加了此次测控任务，并发挥了重要作用。

天高地迥，觉宇宙之无穷。"嫦娥"姐妹次第奔月，每一个大胆设想，每一次辉煌成功，都展现了中国人对探索宇宙的浪漫与激情，彰显了中国梦的不懈与执着。

第七章 回地终曲

——带着『特产』回娘家

第1节

嫦娥五号小档案

十六载探月征程，"绕、落、回"的三部曲在发射嫦娥五号的长征五号遥五运载火箭的绚烂尾焰中，奏响了终章。

2020年11月24日，嫦娥五号搭乘长征五号遥五运载火箭成功发射升空，前往月球执行月壤采样任务并返回。肩负重要使命的嫦娥五号不负众望，成功带回了1731克月壤样品，探月工程第三期任务如期圆满实现，使我国成为世界上第三个使用探测器在月球采样并返回地球的国家。

除采样返回的核心任务外，嫦娥五号还实现了三大工程目标：

◆ 突破了窄窗口多轨道装订发射、月面自动采样与封装、月面起飞、月球轨道交会对接、月球样品储存等关键技术，大幅提升了我国航天

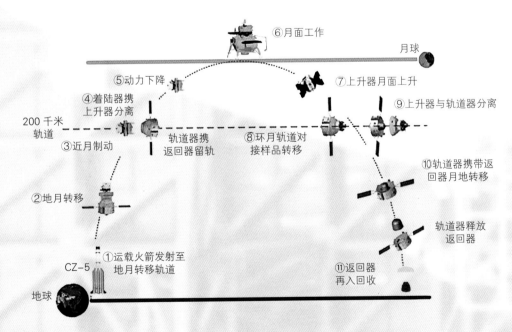

嫦娥五号飞行的11个阶段

技术水平；

◆ 实现了我国首次地外天体自动采样返回，推动了我国科学技术的重大进步；

◆ 完善了探月工程体系，为我国未来开展载人登月与深空探测工作奠定了重要的人才、技术和物质基础。

在科学目标方面，嫦娥五号主要开展了着陆点区域形貌探测和地质背景勘察，获取与月球样品相关的现场分析数据，建立现场探测数据与实验室分析数据之间的联系；对月球样品进行系统、长期的实验室研究，分析月壤的结构、物理特性、物质组成，深化月球成因和演化历史的研究。

嫦娥五号探测器重达8.2吨，是嫦娥四号的2倍多，也是我国航天器发射史上位列前茅的"大块头"。它在外形上与四位"姐姐"都不一样，像是一根高约7.2米的由上升器、着陆器、返回器和轨道器组成的"糖葫芦"。

着陆器负责携带上升器安全着陆于月球表面，分别用钻取和表取两种方式完成月球表面采样和样品封装。

上升器的任务是携带月壤样品从月球表面起飞，在环月轨道与轨道舱和返回舱的组合体交会对接，将样品转移到返回器中。

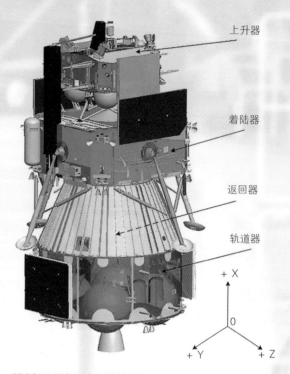

上升器

着陆器

返回器

轨道器

+X

O

+Y

+Z

嫦娥五号探测器结构图

中国探月
CLEP

中国技术人员正在检查中国探月工程火箭

嫦娥五号飞行效果图

嫦娥五号

返回器通过与上升器交会对接得到月壤样品，并护送样品安全返回地球。

轨道器承担了嫦娥五号在不同轨道上的飞行任务，这次它换上了新型的3000牛发动机，既可以顺利带嫦娥五号奔月，又能平安送返回器"回家"。

因为嫦娥五号有四个组成部分，所以它的飞行模式出现了多种组合，存在四器组合体、着陆器和上升器组合体、轨道器和返回器组合体等形态，任务全程需要数十次姿态调整。

作为探月工程三部曲的终章弹奏者，嫦娥五号实现了我国开展航天事业以来的五项"首次"突破：

◆ 探测器首次在月面进行自动采样，实现了地外天体的采样与封装；

◆ 探测器首次从月面起飞，从月球奔赴地球；

◆ 探测器首次在38万千米外的月球轨道上进行无人交会对接和样品转移；

◆ 探测器首次携带月壤样品高速再入返回地球；

◆ 我国首次建立月球样品的存储、分析和研究系统。

在中国神话故事中，嫦娥是独自奔月的。但我们的嫦娥五号却从来都不孤独。

此次嫦娥五号任务由国家航天局组织实施，国家航天局探月与航天工程中心为工程总体单位，中国航天科技集团有限公司所属中国运载火箭技术研究院抓总研制运载火箭系统，中国空间技术研究院抓总研制探测器系统，中国卫星发射测控系统部负责组织实施发射、测控与回收，中国科学院国家天文台抓总研制地面应用系统，负责科学数据和样品的接收、处理、存储管理等工作。

众人拾柴火焰高，在无数航天人和天文工作者的努力下，在无数同胞的期盼与支持下，嫦娥五号圆满地完成了采样任务，平安地回到了神州大地的怀抱。

第2节

嫦娥五号奔月全纪实

前期准备

- 2009年，在探月工程第二期工程实施的同时，探月工程第三期的方案论证和预先研究已正式启动。

- 2011年，探月工程第三期正式立项，任务目标确定为实现月面无人采样并返回。工程包括：两次正式任务，由嫦娥五号、嫦娥六号执行；一次飞行试验任务——嫦娥五号高速再入返回试验。其中，嫦娥五号被确定为中国首个实施月面取样返回的航天器。

- 2014年10月24日，高速再入返回飞行试验器由长征三号丙运载火箭发射升空，准确进入地月转移轨道。同年11月1日，服务舱与返回器分离，随后返回器顺利返回、安全着陆，试验任务圆满完成。

- 2016年11月3日，长征五号运载火箭在中国文昌航天发射场升空，为发射嫦娥五号奠定了基础。

- 2017年1月，嫦娥五号探测器着陆器推进子系统正样热试车取得成功，这标志着嫦娥五号研制进程中非常关键的一步圆满完成。但这一年，长征五号遥二运载火箭发射失利，经过908天的调整优化后，长征五号遥五运载火箭闪亮登场。

- 2020年11月17日，长征五号遥五运载火箭和嫦娥五号探测器在中国文昌航天发射场完成技术区总装测试工作后，垂直转运至发射区。

火箭发射

· 2020年11月24日4时30分，长征五号遥五运载火箭在中国文昌航天发射场点火升空，成为漆黑夜色中最耀眼的一颗明星。火箭飞行约2200秒后，嫦娥五号顺利进入地月转移轨道，中国首次地外天体采样之旅正式开启。

轨道修正

· 11月24日22时06分，嫦娥五号完成第一次轨道修正，3000牛发动机工作约2秒。

· 11月25日22时06分，嫦娥五号完成第二次轨道修正，此时嫦娥五号已在轨飞行约41小时，距离地球约27万千米。

近月制动

· 11月28—29日，嫦娥五号两次"刹车"制动，进入环月轨道，朝着下降初始点行进。

分离着陆

· 11月30日，嫦娥五号组合体受控分离，为月面软着陆做准备。

· 12月1日22时57分，嫦娥五号探测器一分为二，分别为着陆器和上升器组合体、轨道器和返回器组合体。23时11分，着陆器和上升器组合体成功着陆，并传回着陆影像图。

月面工作

· 12月2日，嫦娥五号在月面已停留48小时，着陆器和上升器组合体完成了月球表取及钻取采样和封装，并按照预定形式将样品封装保存在上

嫦娥五号探测器在轨工作效果图

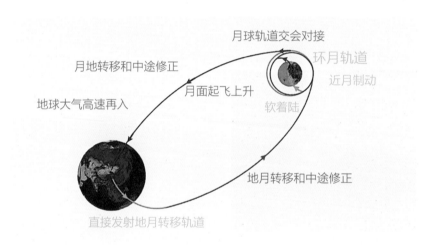

探月工程三期嫦娥五号轨道示意图

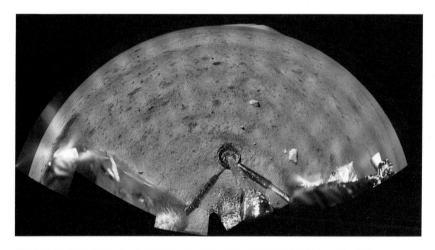

嫦娥五号着陆器和上升器组合体着陆后全景相机拍摄的环拍成像

轨返组合体与上升器分离前模拟图

轨返组合体与上升器分离后模拟图

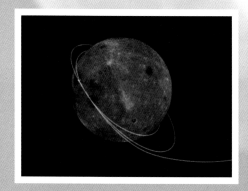

分离后轨返组合体轨道模拟图

升器携带的贮存装置中。这是本次探测的关键任务之一。

月面起飞

· 12月3日23时10分，嫦娥五号上升器从月面起飞，带着"月球土特产"进入预定环月轨道。这是我国首次实现地外天体起飞。

月轨对接

· 12月6日5时42分，嫦娥五号上升器成功与轨道器和返回器组合体交会对接，并于6时12分将样品容器安全转移至返回器中。这是中国首次实现月球轨道交会对接。12月6日12时35分，嫦娥五号轨道器和返回器组合体与上升器成功分离，进入环月等待阶段，准备择机返回地球。两天后，送完"快递"的上升器受控离轨，降落在月球表面。

月地转移

· 12月12日9时54分，满载而归的嫦娥五号轨道器和返回器组合体经历了六天的环月等待，完成了第一次月地转移入射。

· 12月13日9时51分，组合体实现第二次月地转移入射，成功进入月地转移轨道。

平安回家

· 12月17日凌晨，嫦娥五号返回器携带月壤样品，采用半弹道跳跃方式再入返回地球，于内蒙古四子王旗预定区域安全着陆。

· 高兴之余可不要忘了，太空里还有一个嫦娥五号轨道器呢！2021年3月，在地面飞控人员的精确控制下，嫦娥五号轨道器抵达日地拉格朗日L1点，成为中国首颗进入日地拉格朗日L1点探测轨道的航天器。

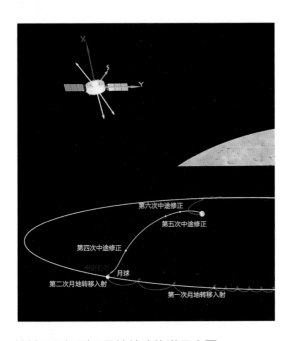

嫦娥5号探测器月地转移轨道示意图

嫦娥五号探测器第一次月地转移入射示意图

第3节

全新发射场、全新运载火箭

3.1 文昌接力西昌，成为中国探月新母港

西昌卫星发射中心，是"嫦娥"四姐妹成功奔月的起点，是创造了一个又一个中国航天奇迹的"探月港"。2020年11月，"嫦娥"探月发射任务的接力棒交给了文昌航天发射场。随着长征五号遥五运载火箭一飞冲天，嫦娥五号顺利进入预定轨道，文昌航天发射场首次执行探月发射任务圆满完成，正式成为中国探月工程的新母港。

最初选择西昌卫星发射中心作为"探月港"的理由很简单，因为它是当时我国唯一一个可以发射运载能力较强的长征三号甲运载火箭、将"嫦娥"送入太空的发射场。

中国文昌航天发射场始建于2009年，主要承担地球同步轨道卫星、大质量极轨卫星、大吨位空间站、货运飞船、深空探测器等的发射任务。由于嫦娥五号自重8.2吨，需要使用当时国内运载能力和体量最大的低温燃料运载火箭——长征五号来做搭档。中国文昌航天发射场具有纬度低、发射效费比高、射向宽、安全性好、海运便捷、可行性强等独有优势，自然成了更好的选择。

3.2 宝剑锋从磨砺出，梅花香自苦寒来

长征五号遥二的至暗时刻

2017年7月2日到2019年12月27日，整整908天，可以说是中国航天人的"至暗时刻"。

长征五号遥一运载火箭发射任务获得成功，以它为基础加以改进的长征五

号遥二运载火箭却在任务过程中出现了异常，一台氢氧发动机骤然停止工作，导致火箭在飞行至约346秒的时候出现轨道偏离，发射任务失利，整箭坠入太平洋。原定当年年底执行的嫦娥五号探测任务因此被迫延迟。

2018年4月，国家航天局发布了长征五号遥二运载火箭飞行失利的原因：芯一级液氢液氧发动机一分机涡轮排气装置在复杂力热环境下，局部结构发生异常，发动机推力瞬时大幅下降，致使发射任务失利。

虽说胜败乃兵家常事，鹊桥号中继星与嫦娥四号都获得了成功，但长征五号遥二的失利阴影仍然让一众科研人员压力巨大，不敢掉以轻心。然而，原定2019年7月发射的长征五号遥三运载火箭发动机再次出现问题，复飞被迫延迟。火箭研发团队紧急发动国内相关专家联合攻关，经过专家们不舍昼夜的论证、研究、试验，最终给出了加强发动机可靠性的改进方案。

2019年12月27日，完成改进的长征五号遥三运载火箭复飞成功，一扫火箭研发团队头顶的阴霾。好事多磨，2020年11月24日，长征五号遥五运载火箭搭载嫦娥五号发射成功。

长征五号遥五的新看点

嫦娥五号乘坐的长征五号遥五运载火箭，可是当时我国长征系列运载火箭的"生力军"，具有推力大、运载能力强、高可靠、无毒无污染等优点，还因为体型巨大而被大家亲昵地称为"胖五"。

看点一：奔月轨道15选1

"胖五"对等了自己三年的"嫦娥"非常贴心，恨不得多帮她省点力气，让路途遥远的奔月之旅更加轻松。在此次任务中，科研人员完成了精细化的"窄窗口多轨道"关键技术验证攻关，连续三天，每天有50分钟的发射窗口，每10分钟就有一条轨道，共规划了15条送嫦娥五号入轨的轨道方案。火箭发射越精准，嫦娥五号的奔月路就越省力，既可以减少轨道偏差的修正次数，节省燃料，还可以更快地到达月球。

看点二：滑行时间长

火箭滑行，是指火箭主发动机关机后，火箭依靠惯性向前飞行。这听上去

"胖五"战功赫赫

毫不费力，但对于一枚零下200多度的"冰箭"来说，可是不小的考验。长征五号遥五运载火箭二级发动机从关机到再次点火大约只有935秒间隔，在这期间，巨大的"胖五"需要调整自己的姿态，在真空状态下完成推进剂沉底、低温发动机二次启动前预冷等工作，同时要面临复杂的环境与不断变化的低温推进剂温度和贮箱所承受的压力。所以，在长征五号运载火箭立项之初，研发人员就将长时间滑行作为一大关键技术，开展了深入细致的研究，并在长征五号运载火箭的数次飞行中进行了验证。

看点三：为嫦娥五号定制的发射细节

通常卫星与火箭之间用包带相连，但最多只能满足直径为2.8米的连接要求。嫦娥五号块头太大，与火箭的接口直径达到3.1米，包带连接方式无法满足任务要求。于是，"胖五"采用了一种低冲击分离装置，既可以在飞行过程中保证连接安全可靠，又可以在器箭分离时降低冲击。此外，"胖五"在整流罩上还专门为嫦娥五号设置了15个操作口和透波口，以便进行操作和传输数据。

第4节
嫦娥五号核心技术全解读

4.1 第1天：出发

　　随着长征五号遥五运载火箭的成功发射，大家的关注焦点从"胖五"转移到了嫦娥五号身上。

　　与之前的探月任务不同，此次嫦娥五号要往返80多万千米，完成包括落月探测、采样返回、交会对接等11项高难度项目，任务更为复杂艰巨。于是，在出发前，嫦娥五号的发动机经历了一次全方位的升级。为了确保嫦娥五号能在月球平稳着陆，并从月球安全返回，研发人员为它量身定做了三台新型发动

嫦娥五号三维模拟动画图

机——轨道器上的3000牛发动机，会在地月转移、月地转移中途修正，以及在近月制动、离月加速中大展身手；着陆器上的7500牛变推力发动机，负责完成月面软着陆任务；上升器上的3000牛发动机则相当于一枚微缩版运载火箭，将为上升器飞离月球提供推力。

4.2 第8天：落月

这已经不是"嫦娥"第一次落月了，但对嫦娥五号的要求却更高、更严苛，因为这是一次远在600千米外的"全自主跳伞"。

12月1日22时57分，嫦娥五号着陆器和上升器组合体从距离月面约15千米处开始实施动力下降，7500牛变推力发动机开机，嫦娥五号相对月球的速度逐步降为零。其间，嫦娥五号迅速调整姿态，而后进行障碍自动检测，选定着陆点后，开始避障下降和缓速垂直下降。

12月1日23时11分，着陆器和上升器组合体平稳着陆于月球正面西经51.8度、北纬43.1度附近的预选着陆区——吕姆克山脉以北地区。在着陆过程中，着陆器配置的降落相机拍摄并传回了着陆区域影像图。

主动减速、快速调整、迅速接近、精准选点、稳步着陆，15分钟

嫦娥五号复杂的推进系统

发动机研制团队对在试车、飞行中的问题进行全面梳理

内，我们的"五姑娘"抓住了绝无仅有的机会，身姿曼妙、闲庭信步，自主完成了一系列复杂而精细的动作，袅袅婷婷地飘落在月宫之上，果然不负"嫦娥"美名。

嫦娥五号不仅自主能力强，还特别会算"经济账"。

在嫦娥五号的落月技术方面，有两个精妙的设计：一是上升器把自己的"最强大脑"（月面起飞时要用的中央控制计算机）和"观星明眸"（通过"看星星"确定自己姿态的星敏感器）借给了着陆器的制导、导航与控制系统使用，这种"共享"既节约了成本，又减轻了重量；二是在距离月面较近时，主发动机会激起月尘污染星敏感器，影响后续上升器的月面起飞，所以科研人员专门给星敏感器设计了一个"镜头盖"，在距离月面一定的高度时可以先盖上盖子，等落月后月尘散去再打开，这一闭一睁之间，落月顺利完成，"眼睛"依旧明亮。

4.3 第9天：工作

48小时月表工作之一：采样

嫦娥五号的着陆区在月球正面风暴洋西北部，这个位置从未有探测器踏足。我们的科学家认为，这块区域形成的地质年

嫦娥五号探测器动力下降过程降落相机拍摄的图像

嫦娥五号探测器软着陆后降落相机拍摄的图像

嫦娥五号探测器在月球表面自动采样

代比较近，如果能够将这块区域的样品带回实验室进行分析，可以帮助我们更好地认识月球是怎么形成的。同时，选择在月球风暴洋西北部采样也更利于工程的实现。

"嫦娥"千辛万苦来到"广寒宫"，要带多少"土特产"回家，才算不虚此行呢？答案是大约2千克。

月壤样品采集量会影响"打包盒"的大小，进而影响整个探测器的体积、重量，以及推进剂的需求。以2千克的采样量作为初始值来设计探测器，嫦娥五号的总重量已达到8.2吨，如果再增加，就连运载能力最大的"胖五"也托举不动"五姑娘"了。所以，2千克的采样目标是科学家们平衡考量多项要素后得出的结果，也是最理想的结果。此次嫦娥五号的核心任务是采样返回，且有19小时的时间限制，只要在规定时间内完成任务，将月壤带回地球，不管重量多少，都是巨大的成功。

自动采样是嫦娥五号核心任务的关键环节之一。"五姑娘"要在100摄氏度以上的月面高温下，克服测控、光照、电源等多方面的条件约束，借助机械臂表取、钻具钻取，通过深钻、浅钻、铲土、挖土、夹土等各种方式，实现多点、多样化自动采样。两种"挖土"模式——钻取和表取，两者互为备份，不仅可以提高采样的成功率和可靠性，也能够获得更为丰富的样品种类，为后续的科学研究提供更多可靠的原始资料。

钻取是通过空心钻杆的取芯机构，钻到月球表面的深处，得到深层样品的

层理信息。针对钻取任务，科研人员特地为嫦娥五号打造了一套"金刚钻"。这套金刚钻有三大绝活：

适应能力强。当在地球上进行钻探工作时，我们往往会根据不同的目标选择不同的钻头类型。但嫦娥五号不能移动，落到哪儿就得在哪儿钻取，我们也不了解月面的具体情况，所以钻头就必须具有很高的适应性。科研人员开展了上千次的地面钻取试验，积累形成了不同工作状况的钻取参数数据库；通过在轨预编程自主控制，实现了钻取子系统"回转""冲击"和"回转＋冲击"三种模式，以及不同参数的自由切换，以适应多种月壤工作状况。

钻进能力强。科研人员选用双排钻牙阶梯构型，经过千锤百炼，最终使钻头具备了对8级硬度岩石的钻进能力，保证了钻进过程顺畅可控。科研人员还为双排出刃设计了多个切削面，让钻头可以拨动、突破临界颗粒与颗粒集群，以应对危险工作状况，轻松处理大颗粒。

排粉能力强。好的钻头不仅要会"钻"，还得不受钻出来的"杂质"影响。为此，科研人员采用渐阔的锥形排粉槽通道，与钻杆排粉槽相连，构建了一体排粉通道，并通过钻杆模型的匹配和参数优化，大幅提高了系统的排粉能力。

讲完了钻头，我们再来看看钻杆。

钻杆长度超过2.5米，主体材料采用铝基碳化硅材料，并设计了空心结构，其耐磨性和强度可以和钢材媲美，但重量比钢材降低了65%。钻杆内部装有高柔韧度、高强度的取芯

（a）

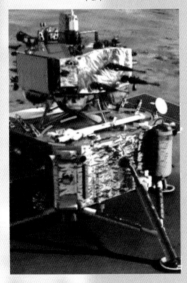

（b）

组图：嫦娥五号钻取机构

软袋。在钻取时，钻杆在接收地面指令后不断下钻，一边钻一边收土，同时保证把从不同深度钻到的月壤层层分离，完整地保存月壤的层理信息。

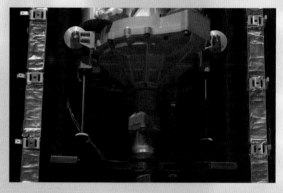

月球钻取取样器

钻头和钻杆都很努力，那远在地球的我们怎么判断嫦娥五号有没有抓到土、装满土呢？这就要靠"挖土监工"——小相机团队了。嫦娥五号上的小相机可以敏锐地捕捉到"装袋"画面，待到装满时，我们就可以发出停止采样的指令了。

取到土是嫦娥五号的第一个小目标。想要把它们安全带回家，得先完成第二个小目标——封装。

为了保证取得的样品在提出过程中不会掉落，嫦娥五号采用了

组图：嫦娥五号样品封装实拍画面

开放式构型的"8"字形超弹性合金丝作为封口方案，与取芯软袋末端进行一体化缝合，依靠弹性收缩力来实现简单可靠的封口。于是，"五姑娘"辛辛苦苦钻取的"土特产"在封入软袋后，被装进环形封装容器，最后运送到上升器顶端保护起来。

月球表面坑洼不平，如果嫦娥五号着陆时站立不稳，有可能影响样品的传送。针对低重力下着陆姿态角度对样品传送的不利影响，科研人员设计了具有碰撞自适应能力的传送方案——通过弹性驱动为月壤封装容器提供初始速度，再借助重力，将含有三级导向锥角的封装容器沿固定导向结构传送到上升器内。这套方案不需要续送机构，简单好用，可以在不同着陆姿态下实现封装容器精准传送。

当嫦娥五号着陆后，负责钻取的科研人员心里"咯噔"了一下。因为他们在着陆区发现了石块，但无法确定这些岩石有多大、硬度有多高。一旦出现这种情况，按照设计，钻头首先会"回转切削"，但此次效果并不理想。

嫦娥五号上有一个小工具——冲击电机，它可以适应月球的低重力，帮嫦娥五号解决"顽石"。但此时，科研人员却不能轻易打开冲击电机。因为嫦娥五号已经成功采集到了一些月壤，如果打开冲击电机，已有的样品受到震动可能会失去科学研究价值。另外，冲击电机也只能把大的石块击碎成小石块，并不是完全粉碎，如果小石块的数量太多也无法装进"打包盒"里。经过反复考量，科研人员最终还是决定启动冲击电机。虽然早冲击一分钟就能多一分钟采集样品的时间，但也多了一分前功尽弃的可能。在汇总各方意见后，嫦娥五号的钻取采样工作到此结束。虽然取得的样品比理想状态略少，但也足够令人欣喜。

经过三个多小时的持续作业，嫦娥五号钻取子系统顺利完成了钻取采样任务。

表取是利用机械臂末端固定铲挖型采样器，进行表层和次表层月壤采集，目标是实现多点、多次采样。

伸、铲、抬、转、倒，这些动作听起来一点都不难，但如果是在月球上由机械臂执行的话，就很有难度了。

嫦娥五号机械臂的臂杆长3.7米，由多个关节组成。它的力量来源于安装在各个关节处的电机——表采关节臂电机组件。关节臂电机重的不到500克，轻的

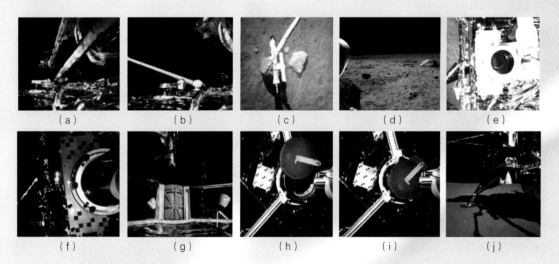

（a）　　　　（b）　　　　（c）　　　　（d）　　　　（e）

（f）　　　　（g）　　　　（h）　　　　（i）　　　　（j）

组图：嫦娥五号的采样之旅

还不足250克，虽然个头小，可力气都很大，而且非常灵活，精度可达1度以内，可以说是指哪儿挖哪儿。

为了保证采样任务顺利完成，每个电机壳体里都装有两套电机绕组，提供双重保障；在功能设计上，支持突然断电情况下保持住机械臂的位置，防止机械臂因为突然断电而"摔伤"。

除了电机，机械臂的一头装有铲挖采样器，另一头则安装着旋挖采样器，还配置了近摄和远摄两个视觉相机，可以进行360度无死角可视化操作，完成铲挖、浅钻、拾取这些动作。

铲挖采样器前端由摇臂铲和伸缩铲组成：摇臂铲的外形呈钩状，边缘部分设计成细齿状；伸缩铲的外形呈铲状金属罩，可以通过铲土和夹土获得月壤。

在铲挖工作开始前，铲挖采样器需要调整至水平状态，打开摇臂铲，同时伸缩铲向后收缩。铲挖时，胳膊摇臂铲通过画圆来铲挖月壤，把样品盛进"勺"里。随后，伸缩铲向前伸出，与摇臂铲形成闭合空间，避免月壤样品撒出。

旋挖采样器则采用振动吸纳式管状取芯设计，适用于特定形态的月壤样品。由于铲挖采样器工作得十分顺利，这次并没有给它一显身手的机会。

12月2日22时，嫦娥五号经过约19小时的月面工作，顺利完成月球表面自动采样，并按预定形式将

机械臂

样品封装保存在上升器携带的贮存装置中。

"土特产"都拿好了，下一步就是"打包"环节。不同于月面极高真空环境，地球表面不仅有成分复杂的空气，还飘浮着各种固体颗粒，如果月球样品接触到这些物质，就会造成污染，直接影响样品的科研价值。因此，月壤样品的密封就成为转运之前的一道重要工序。

月球样品密封封装子系统是科研人员专门针对月壤样品密封而设计的"神器"。这个系统具有自动承接、封装、密封月球样品的功能。在月球表面工作时，该系统会根据预先设定的指令，先解除盖体锁定，让盖体竖直抬升，转动一定角度，将容器口完全敞开，等待样品。待所有样品装入容器后，盖体原路返回，通过火工品锁紧并进行高真空密封。

这份"太空快递"不仅大费周章，而且自带密码，解铃还须系铃人，配套的另一件"神器"——月球样品解封分装操作台已等候多时。它可以实现在真空环境下对返回地面后的月球

火工品，又称火具，是装有火药或炸药，受外界刺激后产生燃烧或爆炸，以引燃火药、引爆炸药或做机械功的一次性使用的元器件和装置的总称。

密封封装子系统局部图

采样封装装置进行解封，收集月球样品释放的稀有气体，最大限度地保证月球样品少受地球外部环境的影响。

48小时月面工作之二：升旗

嫦娥五号不仅是挖土、打包小能手，还心系祖国，在紧锣密鼓的工作之余举行了一场"升旗仪式"。这是中国在月球表面首次实现国旗的"独立展示"。

与其他航天器表面喷涂五星红旗不同，嫦娥五号升起的是一面真正的五星红旗织物旗帜。

宇宙中有很强的电磁辐射，月球表面环境更是恶劣，温度最高可达150摄氏度，普通织物旗帜暴露在月球上，会迅速褪色、串色，甚至分解，无法使用。为了让五星红旗能顺利在月面上展开，科研人员仅选材就花费了一年多，最终选定了一种科技含量颇高的材料，既能满足强度要求，又能满足染色性能要求，保证五星红旗能够抵御恶劣的月表环境，做到不褪色、不串色、不变形。

旗开得胜，星耀月表。这面五星红旗很小，重量只有1千克，被收纳在"旗杆"里，固定在基座上，一直处于密封状态。展旗时，五星红旗经过解锁、支架展开、支架固定等步骤，以卷轴形式打开，一系列动作在1秒钟内完成。这个看似简单的动作，不仅是中国航天史上的新"首次"，更体现了中国航天人的爱国情怀。

嫦娥五号着陆器和上升器组合体全景相机拍摄五星红旗在月面成功展开

嫦娥五号上升器月面点火瞬间模拟图

嫦娥五号上升器点火起飞瞬间

嫦娥五号上升器飞行过程模拟图

48小时月面工作之三：起飞

嫦娥五号在月面停留了48小时，从月面起飞的发射窗口即将到来。五天后，嫦娥五号着陆点将进入月夜，月表温度会降低到−180摄氏度左右。与"姐姐"们不同，嫦娥五号并没有御寒设计。对于没穿"保暖衣"的它而言，进入月夜就将面临生死考验。同时，如果等待时间过长，燃料也将告急。所以，按时起飞是它平安回家的唯一选择。

从地球飞向月球，"嫦娥"已是轻车熟路。可从月球返回地球，对于"嫦娥"来说，是一条完全陌生的路线。

我们知道，"嫦娥"飞天要依靠运载火箭的托举，还有一套完备的发射塔架系统来执行发射任务。在月面上，"五姑娘"既没有平坦的起飞地点，也没有发射塔架，要怎么起飞呢？

没有条件，就创造条件，这是中国航天人不断实践的座右铭。在科研人员的不断探索下，嫦娥五号着陆器实现了"一器两用"，在返程中充当上升器的发射塔架。上升器则克服了地月环境差异、发动机羽流导流空间受限、无法由地面人员完成测调和确认等难题，"自力更生"地完成起飞时的自主定位、定姿。

当预定的起飞时刻到来时，着陆器的主发动机自行点火。12月3日23时10分，满载而归的嫦娥五号上升器从月球表面成功起飞，实现了中国首次地外天体起飞。

6分钟后，飞行了250千米的嫦娥五号上升器顺利进入了交会对接初始轨道。一直环月飞行的轨道器和返回器组合体，此时已完成了四次轨道调整及支撑舱分离等操作，正静静地等待上升器归来。

月球轨道交会对接效果图

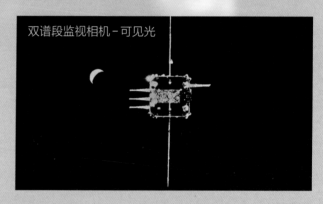

双谱段监视相机 - 可见光

轨返组合体逐渐接近上升器

4.4 第13天：对接

从月球返回地球一般有两种方案。一条是"走直线"，即探测器自月球表面点火起飞后直接飞回地球，但这种路线会极大地限制运送月壤的重量。我们的"五姑娘"则不走寻常路，选择了另一条从未有人走过的高风险路线——先让两个航天器在距离地球38万千米的地方实施无人交会对接，之后再返航。

一直以来，中国航天人拒绝故步自封、坐井观天，以不断推动中国航天技术进步为己任，始终走在突破、创新的路上。于是，嫦娥五号做到了又一个"世界航天第一次"——在地面支持能力较弱的情况下，在遥远的月球轨道实行无人对接，接力式传送回月壤样品。

传送第一关，21秒的"拥抱"——交会对接

12月6日2时13分，嫦娥五号上升器准确到达轨返组合体前方50千米、上方约10千米的预定位置，准备进行"太空快递交接"。由于嫦娥五号月球轨道的交会对接机构非常小，所以精度要求极高，一场太空中的"穿针引线"即将开始。

轨返组合体重达2吨多，如果采用传统碰撞式对接的话，只有其体重六

上升器

轨道器

轨返组合体与上升器完成交会对接

分之一的上升器很容易被撞飞。为此，科研人员专门设计了抱爪式抓捕对接机构，每对抱爪就像人的手臂，可以在1秒钟内快速合拢，将上升器先"抱住"，再把上升器的被动锁柄牢牢地约束在这个"怀抱"里，让上升器"无处可逃"。

在这个过程中，轨返组合体采用三套抱爪机构星型周向布局、自定心设计，实现了对接后的自动对准中心，在保证高精度对接的同时实现了轻量化设计。

在月球上空的环月轨道上，上升器开始放慢脚步，等待着小伙伴的靠近。在它身后相距100千米处，轨返组合体上的微波雷达已经开始工作，在它们之间双向传输遥控指令和遥测参数，进行"对话交流"。两者相距20千米时，激光雷达登场，为双方提供更高精度的测量信息。最后100米，光学敏感器亮相，测量双方的距离和姿态情况。这些敏感器在作用距离上彼此接力，又有覆盖衔接，每个阶段都至少有两种

不同体制的敏感器在运行工作，让轨返组合体看得更准、测得更精、系统更加可靠。

1秒捕获、10秒校正、10秒锁紧，嫦娥五号上升器与轨返组合体一气呵成，用时21秒，在深空实现了一项前所未有的壮举。

12月6日5时42分，嫦娥五号上升器与轨返组合体完成交会对接。

嫦娥五号上升器与轨返组合体在太空中顺利交会对接的重要意义，远远不止于这一次的成功，还为未来载人登月工程做了技术验证。未来的载人登月工程必然要在月球轨道实现交会对接，我们探索到了最安全也最经济的方式。

4.5　第13天：转移

传送第二关——向尺蠖学习"转移"智慧

交会对接完成后，嫦娥五号还要做一个重要的动作，就是把

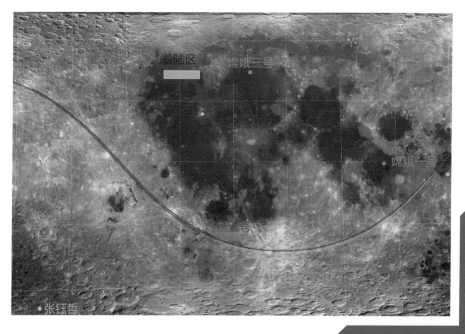

北京航天飞行控制中心拍摄的嫦娥五号探测器
星下点轨迹

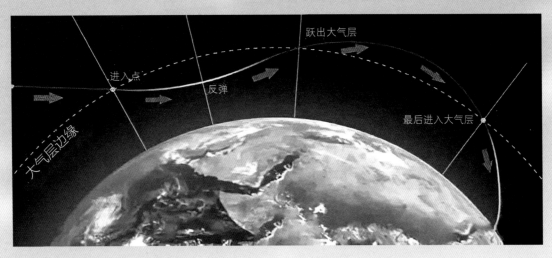

半弹道跳跃式再入返回示意图

图中标注：进入点、反弹、跃出大气层、最后进入大气层、大气层边缘

上升器里装有月壤样品的容器转移到返回器中。

　　这个过程看似简单，但在38万千米之外高速运行的飞行器上，每一步操作都带着极高的风险。因为在两器成功交会对接后，它们之间还有62.6厘米的距离。在地球上，这是一个成年人走一步、只需要一秒的距离，但"太空快递"的安全转移却用了30分钟。

　　月壤样品的转移机构设计得很巧妙，这是科研人员从尺蠖身上得到的灵感。

　　尺蠖是尺蛾的幼虫，身体细长，行动时一屈一伸，不疾不徐地前进。科研人员基于"运动行程放大＋接力转移"的原理，提出了一种仿尺蠖的展收接力式机构，通过多级并联连杆的简单循环展收运动，把"太空快递包裹"从上升器一点一点收到返回器中。如果可以在太空旁观这次转运工作，我们一定会惊叹不已。轨返组合体上的机械手臂先伸出去"摸"上升器身上的"包裹"，"摸"到后就往回拉。手臂一伸一缩、循环往复，最终成功取到了沉甸甸的"太空快递包裹"。这是我国航天史上首次在深空中实现自动物品转移。

　　轨返组合体取到"包裹"之后，就在环月轨道等待合适的时机进行月地入射。终于，嫦娥五号返回器要回家了。在白雪皑皑的阿木古郎大草原深处，内蒙古四子王旗航天着陆场正静待"神女"归来。

4.6　第23天：回家

　　距离地面大约5000千米时，嫦娥五号轨道器与返回器分离，家乡近在眼前，却有两只"拦路虎"盘踞在路上。

　　第一，返回速度过快。"五姑娘"从月球飞回地球的速度是每秒11.2千米（第二宇宙速度），而一般从近地轨道返回的航天器大多是每秒7.9千米（第一宇宙速度）。每秒11.2千米的速度，相当于飞机巡航速度的45倍。如果不能有效减速，携带珍贵月壤样品的返回器就会有刹不住车、进入大气层后被烧毁的风险。

　　当时，国际上常见的再入方式有三类：弹道式再入、弹道-升力式再入和升力式再入。科研人员经过一系列论证、研究和试验，决定借助地球大气层这个天然屏障，通过空气摩擦产生的阻力达到减速目的，于是提出了一个大胆的全新方案——半弹道跳跃式再入返回。这类似于在太空中"打水漂"，返回器先是高速进入大气层，再向大气层"借东风"，用它提供的升力跃出大气层，通过摩擦来消耗返回器的动能，然后再进入大气层，返回地面，整个过程环环相扣，15分钟即可完成。

　　第二，高温。嫦娥五号返回器在大气层穿梭时会因摩擦而急剧升热，所以科研人员给它穿上了一件防热、防烧蚀的全新"战袍"。根据不同部位耐烧蚀和隔热的具体需求与指标情况，科研人员从33种新研材料中筛选出了7种，细致设计了"战袍"的结构和材料布局，实现了中国由近地轨道再入到深空轨道再入的防热结构设计的跨越。

　　当返回器以第一宇宙速度再次冲入大气层后，还要面临一次考验，那就是进入接收不到任何信号的黑障区。这不过几分钟的飞行，却因为嫦娥五号的沉默而显得格外漫长。终于，北京航天飞行控制中心的大屏幕上出现了返回器的身影。在内蒙古四子王旗航天着陆场，早早等待的回收团队接到指令，兴高采烈地前去签收这一份来自月球的"特快专递"。

　　2020年12月17日凌晨，嫦娥五号安全到家，此次任务圆满完成。这意味着探月工程一期至三期"三部曲"的结束，也宣示着第四期的开始。

第5节

嫦娥荣归，科研新篇

5.1 九天揽月星河阔，华夏儿女探苍穹

嫦娥五号任务自发射到返回，全过程持续约23天，它的每一步都牵动着人心，凝注着航天人殚精竭虑的智慧结晶。作为探月工程"绕、落、回"前三期整体规划的收官之作、未来月球探测的重要基石，嫦娥五号是走中国特色自主创新探月道路的最好注脚。探月工程从0到1的技术突破昭示了"追逐梦想、勇于探索、协同攻坚、合作共赢"的探月精神，一抔来自月球的土壤滋养着中国向航天强国迈进的梦想之花。

如同中国探月科学家们所说，探索月球和地外天体是人类的共同使命。在遵从探索天性、推动科技进步的过程中，中国航天人将为了追寻人类的共同梦想，向着星辰大海扬帆远行，凭借着科技自立、创新自强的信念，谱写出一部部更加壮美的乐章。

九天揽月星河阔，华夏儿女探苍穹。"嫦娥奔月"的故事未完待续，"载人登月""建立月球基地"等探月工程已在规划之中，未来将会有更多的"嫦娥"兄妹奔赴月球，开展勘测工作。这是中国深空探索的第一步，也是人类太空探索的重要一步。抬头仰望璀璨星河、浩瀚宇宙，那是方向，也是未来。

5.2 科研花开，硕果累累

嫦娥五号带回的月壤样品为科学家们带来了一把揭秘月球、地球甚至太阳系的全新"钥匙"。两年间，科学家们通过月壤探索月球，重

新评定月球的"死亡年龄"，深入研究月球上氦W-3资源的开采技术，解决了一个又一个科学问题，如确定了嫦娥五号着陆区的地质分布特征、发现了至少一种含水矿物等。

未来，也许我们可以在月球制备氧气和燃料

科学家们通过分析月壤中的元素和矿物结构，发现月壤中的一些活性化合物具有良好的催化性能。这些化合物可以作为催化剂，通过人工光合成技术，借助太阳光，把水和二氧化碳转化为氧气、氢气、甲烷、甲醇等能源。未来，我们可以直接从月球就地取材，提取月壤中的有效成分，在为航天员提供生命支持的同时，降低航天器的载荷和成本。

俯瞰月球，欣赏世界首幅1:250万月球全月地质图

2022年6月，由我国科学家研制的世界首幅1:250万月球全月地质图完成。这份月图可以综合表达月球综合地质信息和月球岩浆作用、撞击事件、火山活动等演化过程，为月球的科学研究、探测规划、着陆点选址等提供了重要参考，同时也为其他天体地质图的编制提供了借鉴样本。

月球新矿物，2022年的中秋贺礼

2022年9月，我国传统佳节中秋节前夕，国家航天局、国家原子能机构联合在北京发布了最新科学研究成果——中国科学家首次在月球上发现了新矿

月球1:250万全月地质图缩略图

嫦娥石结构

月球样本显微镜照片

月球样品庐山真面目

物，并命名为"嫦娥石"。这是我国在空间科学领域取得的一项重大科学成果，也是核与航天跨行业、跨专业合作的一次有力探索。

"嫦娥石"是人类在月球上发现的第六种新矿物，我国成为世界上第三个在月球发现新矿物的国家。

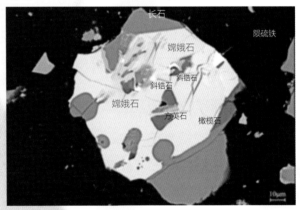

嫦娥石和共生矿物扫描电镜照片

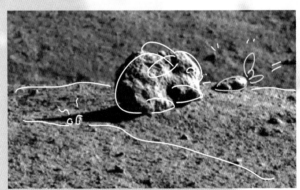

全景相机拍摄的"玉兔"小石像

尾 章

以梦为马，畅行月球

2022年1月，国务院新闻办发布了《2021中国的航天》白皮书。书中提到，未来五年，中国航天将锚定航天强国建设目标，以航天高质量发展为主题，推动空间科学、空间技术、空间应用的全面发展，为建设社会主义现代化强国、推动人类和平与发展做出积极贡献。

白皮书中还描绘了许多探月未来式场景：

未来，我们将建成中国空间站和高分辨率对地观测系统，实施探月四期、行星探测等新的重大工程，建设近地小行星撞击风险应对体系，规避出现小行星撞地球的事件，有效地保护地球安全。

未来，航天技术成果将更快速地向经济社会转移、转化，推动空间应用与数字经济深度融合，太空旅游、太空生物制药、太空育种不再是需要跨越的难关。也许，就在不远的某一天，我们都可以成为"太空旅客"。

未来，空间科学探索将更体系化、原创化，空间天文、空间物理、月球与行星科学、空间地球科学等重点领域将迎来新的关注与发展。

未来，我们将更关注中国航天，全社会都将充盈着崇尚科学、探索未知、勇于创新的气氛……

未来，中国航天会积极地参与外空全球治理，拓展国际合作深度和广度，在近地小天体监测与应对、行星保护、太空交通管理等领域贡献中国方案和中国智慧；启动国际月球科研站建设，推广空间信息服务全球应用，在月球探测、

空间站建设、行星探测等领域，开展更加广泛、更多方式的国际互利合作。

放眼前路，等待我们的是令人无限向往的浩瀚宇宙。

在探索之路上，在遥遥微光中，共同追求真理的人们勠力前行。

要相信，我们眼里有星光、心里有梦想，可以将漫漫前路照亮！

要相信，我们的征程，就是星辰大海！

中国航天事业大事记

1960年第一枚探空火箭发射成功

1960年2月19日，我国自行设计制造的"T-7M"试验型液体探空火箭在上海市首次发射成功，飞行高度约8公里。航天人再接再厉，于当年9月13日，成功将我国第一枚T-7液体燃料探空火箭发射成功。

1967年航天测控体系起步建设

1967年5月13日，卫星地面观测系统工程建设计划开始。1968年，酒泉、喀什、湘西、南宁、昆明、海南、胶东、长春等测控站相继竣工并交付使用。目前，中国已建成包括北京航天飞行控制中心、西安卫星测控中心、陆基测控站、海上测控船、天基测控手段在内，能够服务于地球轨道卫星、载人航天、月球与深空探测等任务，天地一体、全球布局、组网灵活、安全可靠的航天测控网。

1970年长征一号成功发射我国首颗人造卫星东方红一号

1970年4月24日，长征一号运载火箭首次发射，成功将我国第一颗人造卫星——东方红一号准确送入预定轨道。这是酒泉卫星发射中心首次执行卫星发射任务，也是我国首次采用固体火箭发动机。

1975年"尖兵一号"卫星成功发射　开遥感事业先河

1975年11月26日，我国在酒泉卫星发射中心用长征二号运载火箭，成功将第一颗返回式遥感卫星"尖兵一号"发射升空，准确进入预定轨道。11月29日，卫星回收舱安全降落并回收成功，我国成为世界上第三个掌握卫星回收技术的国家。

1977年第一代远洋航天测控船问世

1977年8月、10月，远望1号、2号船分别建成下水，组成我国第一代综合性航天远洋测控船队。远望1号、2号船，代表着我国当时航空、电子、冶金、机电、轻工等多领域的高技术集成。此后，远望3、4、5、6号船陆续下水；2013年，远望21号、22号火箭运输船相继入列。2016年，远望7号下水。

1980年中国成为联合国外空委成员

1980年11月，联合国大会第50次全体会议同意接受中国为联合国和平利用外层空间委员会成员。

1981年首次"一箭三星"发射成功

1981年9月20日，风暴一号运载火箭成功发射实践二号、实践二号甲、实践二号乙三颗科学实验卫星。我国成为世界上第四个掌握"一箭多星"技术的国家。

1984年东方红二号试验通信卫星成功发射

1984年4月8日，我国在西昌卫星发射中心用长征三号运载火箭成功将东方红二号第二颗试验通信卫星准确送入预定轨道。4月17日，卫星成功开通通信、电视传输。此次发射标志着中国成为世界上第五个能独立研制和发射静止轨道卫星的国家，第三个掌握先进低温火箭技术的国家。1986年2月1日，我国第一颗东方红二号实用通信广播卫星成功发射，卫星通信由试验阶段进入实用阶段。

1985年中国运载火箭正式投入国际市场

1985年10月26日，航天工业部对外宣布，中国自行研制的长征二号、长征三号运载火箭进入国际市场，中国长城工业公司负责承揽国外用户卫星发射服务业务。

1985年航天人获我国第一号发明专利

1985年12月，航天207所胡国华拿到国家专利局颁发的专利号为"85100001.0"的证书，成为新中国"第一号专利"发明人。专利名称为"可变光学滤波实时假

彩色显示方法和装置"，即把从卫星上拍摄的地球黑白图片根据某种特征变成彩色图像，从而看到更多信息。

1986年中国遥感卫星地面站建成并投入运行

1986年12月20日，中国遥感卫星地面站建成并投入运行。中国遥感卫星地面站是国际资源卫星地面站网成员，目前存有1986年以来的各类卫星数据资料，是我国时间最长的对地观测卫星数据历史档案库，具有覆盖我国全部领土和亚洲70%陆地区域的卫星数据实时接收能力。

1988年我国首颗气象卫星风云一号发射成功

1988年9月7日，我国在太原卫星发射中心用新研制的长征四号甲运载火箭，成功将第一颗气象卫星风云一号送入预定轨道。中国成为世界上第三个能够独立发射太阳同步轨道卫星的国家，中国气象卫星及其应用从此进入快速发展阶段。

1990年中国首次发射外星获得成功

1990年4月7日，我国在西昌卫星发射中心用长征三号运载火箭，成功将亚洲一号通信卫星准确送入预定轨道。卫星由美国休斯公司制造，这是中国承揽的首次商业发射服务。中国成为继美国、法国之后，第三个进入国际航天商业发射领域的国家。

第一枚大推力捆绑式火箭长征二号E成功发射

1990年7月16日，我国第一枚大推力捆绑式运载火箭长征二号E在西昌卫星发射中心点火升空，成功将一颗模拟星和一颗巴基斯坦科学实验卫星送入预定轨道。长征二号E低轨运载能力达到9.2吨，同步轨道运载能力从1.5吨提高到4.8吨，代表着中国运载火箭技术水平达到了新高度。

1991年钱学森获"国家杰出贡献科学家"荣誉称号

1991年10月16日，国务院、中央军委在人民大会堂举行授奖仪式，授予钱学森"国家杰出贡献科学家"荣誉称号和一级英雄模范奖章。

1994年"金牌火箭"长征三号甲发射成功

1994年2月8日，长征三号甲运载火箭在西昌卫星发射中心首次发射成功，将实践四号科学实验卫星和一颗模拟卫星送入预定轨道，大幅提升了我国地球同步轨道卫星的运载能力。2007年6月，长征三号甲运载火箭获得"金牌火箭"的称号。

1997年新一代通信广播卫星东方红三号成功发射

1997年5月12日，我国在西昌卫星发射中心用长征三号甲运载火箭，成功将新一代通信广播卫星东方红三号送入预定轨道。5月20日，卫星成功定点于东经125度赤道上空，进一步满足了国内各种通信业务的需要，加速了国家的信息化进程。

1999年"南南合作"典范中巴地球资源卫星发射成功

1999年10月14日，中国和巴西合作研制的资源一号卫星和一颗巴西小卫星在太原卫星发射中心成功发射升空。资源一号卫星是我国主导研制的第一颗高速传输型对地遥感卫星。它的发射成功，开创了发展中国家航天高科技领域技术合作的先例，被誉为"南南合作"的典范。

1999年神舟一号无人试验飞船成功发射回收

1999年11月20日，神舟一号飞船在酒泉卫星发射中心由长征二号F运载火箭发射入轨。11月21日，神舟一号飞船返回舱成功着陆在内蒙古四子王旗预定区域。这是载人航天工程的首次飞行试验。此后，中国又先后发射了神舟二号、三号、四号飞船，完成了所有预定的试验内容。我国载人航天工程(代号921工程)于1992年9月21日经中央审议批准实施，分"三步走"：第一步，发射载人飞船，建成初步配套的试验性载人飞船工程，开展空间应用实验；第二步，突破载人飞船和空间飞行器的交会对接技术，发射空间实验室；第三步，建造空间站。

2000年中国政府首次发布航天白皮书

2000年11月22日，国务院新闻办公室首次发表《中国的航天》白皮书，向国

内外介绍了中国政府发展航天的宗旨、原则、现状、目标和国际合作等内容，被誉为"揭开了中国航天神秘的面纱"。白皮书展示了未来十五年中国航天的发展规划，首次提出了"大航天"概念，涵盖了空间技术、空间应用、空间科学三大领域。

2002年我国首颗海洋探测卫星海洋一号成功发射

2002年5月15日，我国在太原卫星发射中心用长征四号乙运载火箭，成功将风云一号D气象卫星和我国第一颗海洋探测卫星海洋一号送入预定轨道，结束了中国没有海洋卫星的历史。

2003年航天员杨利伟成为中国进入太空第一人

2003年10月15日，航天员杨利伟搭乘神舟五号飞船进入太空，在轨飞行了21小时后，于10月16日安全返回，实现了中华民族千年飞天的梦想。中国成为世界上第三个独立掌握载人航天技术的国家。

2003年"双星探测计划"顺利实施

2003年12月30日、2004年7月25日，地球空间双星探测计划两颗卫星顺利发射，与欧洲空间局星簇计划的四颗卫星形成人类对地球空间的第一次六点探测。双星计划是我国航天领域第一个空间科学计划，带动了我国科学卫星系列的发展。此后，我国成功发射暗物质卫星、返回式微重力和生命科学实验卫星、量子科学实验卫星等多颗科学卫星。

2004年王永志获国家最高科学技术奖

2004年2月，中国工程院院士、中国载人航天工程首任总设计师王永志获得2003年度国家最高科学技术奖。

2005年神舟六号任务实现"多人多天"航天飞行

2005年10月12日，我国在酒泉卫星发射中心用长征二号F运载火箭，成功将搭乘神舟六号载人飞船的航天员费俊龙、聂海胜送入太空，10月17日，神舟六号飞船返回舱成功着陆。神舟六号任务实现了从"一人一天"到"多人多天"航

天飞行的重大跨越，并开展了空间科学实验活动。

2006年新一代无毒无污染大推力运载火箭长征五号立项研制

2006年8月8日，国务院批准新一代运载火箭基本型长征五号立项研制。长征五号运载火箭是我国运载火箭升级换代的里程碑和重要标志，将实现我国液体运载火箭直径由3.35米至5米的跨越，能够将我国进入空间能力提升2.5倍以上。

2007年中国卫星整星出口实现突破

2007年5月14日，我国在西昌卫星发射中心用长征三号乙运载火箭，成功将我国研制的大容量通信广播卫星尼日利亚一号准确送入预定轨道，并实现在轨交付。这不仅标志着中国实现了卫星整星出口零的突破，也是中国以火箭、卫星及发射支持的整体方式，为国际用户提供商业卫星发射服务的首次实践。

2007年我国首次月球探测工程圆满完成

2007年10月24日，我国在西昌卫星发射中心用长征三号甲运载火箭，成功将嫦娥一号卫星送入预定轨道。嫦娥一号经过14天飞行，于11月7日成功进入200公里环月轨道。11月26日，嫦娥一号卫星传回第一幅月球三维影像图。2008年11月12日，我国首幅120米分辨率的全月球影像图公开发布，中国首次月球探测工程圆满完成。我国首次月球探测工程于2004年1月23日立项。2004年2月25日，工程领导小组第一次会议将探月工程命名为"嫦娥工程"。我国探月工程分"绕、落、回"三步实施。

2008年我国首颗中继卫星天链一号成功发射

2008年4月25日，我国在西昌卫星发射中心用长征三号丙运载火箭，成功将首颗中继卫星天链一号送入预定轨道。天链一号的成功发射，使我国测控覆盖率由原来的12%大幅提高到60%左右。2011年、2012年，天链一号02星、03星先后成功发射升空，实现全球组网运行，中继卫星系统正式建成。我国成为世界上第二个实现中继卫星系统三星组网、全球覆盖的国家。

2008年神舟七号任务成功完成我国首次空间出舱活动

2008年9月25日，翟志刚、刘伯明、景海鹏三名航天员搭乘神舟七号飞船进入太空，9月27日，航天员翟志刚圆满完成我国首次空间出舱任务。中国成为世界上第三个独立掌握空间出舱关键技术的国家。

2008年中国倡议并牵头成立亚太空间合作组织

2008年12月，中国作为东道国倡议并牵头成立亚太空间合作组织，积极推动成员之间空间科学、技术及其应用多边合作。这是第三个总部设在中国的政府间国际合作组织。2015年10月27日，由亚太空间合作组织与中国国家航天局共同主办的亚太空间合作组织发展战略高层论坛在北京召开，通过《亚太空间合作组织发展战略高层论坛北京宣言》，提出了亚太地区空间能力发展与合作的新愿景。

2010年孙家栋获得国家最高科学技术奖

2010年1月，中国科学院院士、中国探月工程首任总设计师孙家栋获得2009年度国家最高科学技术奖。

2010年"天眼工程"高分专项启动实施

2010年5月12日，作为国家十六个重大专项之一的高分辨率对地观测系统重大专项(以下简称高分专项)全面启动实施。高分专项采用"天、空、地"一体化设计，统筹建设地面系统、应用系统，已发射成功并投入使用的高分一号、二号、三号、四号等多颗卫星，初步实现了全天候、全天时、全球对地观测。2016年3月10日，"高分应用综合信息服务共享平台"正式上线运行，16个部委、11个区域和若干企业高分数据应用互联互通，在国内首次实现了海量数据资源、应用成果的有效集成与共享。高分卫星数据已广泛应用于抗洪救灾、环境保护、国土资源调查与监测等众多领域，培育形成了较大产业化发展空间，取得了良好的社会和经济效益。

2010年嫦娥二号卫星刷新中国航天新高度

2010年10月1日，我国在西昌卫星发射中心用长征三号丙运载火箭，成功将嫦

娥二号卫星送入地月转移轨道。10月27日至29日，嫦娥二号卫星完成对月球虹湾局部区域高分辨率成像拍照，嫦娥二号任务圆满完成。之后，嫦娥二号卫星飞离月球，奔向日地拉格朗日L2点，在距地球700万公里处与图塔蒂斯小行星交会探测，实现了数亿公里的远距离星际航行，刷新了中国航天的新高度。

2011年载人航天突破掌握空间交会对接技术

2011年9月29日，天宫一号目标飞行器在酒泉卫星发射中心成功发射。2011年至2013年，天宫一号先后与神舟八号、九号、十号飞船进行了自动和手动空间交会对接试验，均顺利完成。中国载人航天全面突破和掌握空间交会对接技术，为我国建造空间站、开展大规模空间应用奠定了坚实基础。搭乘神舟九号飞船的刘洋成为中国首位进入太空的女航天员；搭乘神舟十号飞船的女航天员王亚平，在天宫一号成功进行太空授课。

2013年嫦娥三号实现中国首次地外天体软着陆及月面巡视勘察

2013年12月2日，我国在西昌卫星发射中心用长征三号乙运载火箭成功将嫦娥三号探测器发射升空。12月14日，嫦娥三号探测器自主成功避障，安全软着陆。12月15日，"玉兔"号月球车与着陆器分离，开始月面巡视勘察。嫦娥三号任务的完成，标志着我国探月工程第二步战略目标"落"全面实现。

2014年探月工程三期再入返回飞行试验圆满完成

2014年11月1日，探月工程三期再入返回飞行试验返回器历经8天约84万公里的飞行后，精准着陆在内蒙古四子王旗预定区域，试验任务圆满完成。这标志着我国全面突破和掌握航天器以接近第二宇宙速度再入返回关键技术，为全面完成探月工程"绕、落、回"三步走战略目标打下了坚实基础。

2015年我国首个"互联网＋智能制造"平台航天云网上线

2015年6月，我国首个"互联网＋智能制造"工业互联网平台——航天云网上线。该平台是致力于打通制造业资源（包括数据资源）多维度协同共享通道的工业互联网平台。运行以来，已经吸引国内外近24万家企业入驻，采购需求发布48000余条，涉及金额超410亿，成交金额总计突破130亿元，涉及智能设备、工业制造、军工、互联网、环保技术、金融服务等多个领域。

2015年《国家民用空间基础设施中长期发展规划（2015—2025）》发布

2015年10月29日，《国家民用空间基础设施中长期发展规划(2015—2025年)》正式发布，旨在建立国家民用空间基础设施市场化、商业化新机制，支持和引导社会资本参与，开展区域、产业化、国际化及科技发展等多层面的遥感、通信、导航应用示范，加强跨领域资源共享与信息服务综合能力，加速与物联网、云计算、大数据及其他新技术、新应用的融合，促进卫星应用产业可持续发展。

2016年长征七号运载火箭成功首飞

2016年6月25日，我国为空间站工程研制的中型运载火箭长征七号在中国文昌航天发射场首飞成功，使我国火箭近地轨道运载能力从不到9吨提升到近14吨，提高了我国进入空间能力。长征七号运载火箭首飞任务，也是中国文昌航天发射场的首秀。

2017年中国空间实验室实施天舟一号任务

如果说2017年的中国航天发展是一首乐曲的话，那么实施天舟一号任务无疑是这首天籁之音的高潮。作为中国空间实验室任务的收官之战，天舟一号是中国自主研制的首艘货运飞船，其核心任务是与天宫二号空间实验室交会对接、实施推进剂在轨补加、开展空间科学实验和技术试验等。该任务的成功实施为构建天地往返系统，为建设长期有人照料的空间站、搭建开放的国际太空科研平台铺平了道路。

2018年中国火箭发射数夺冠

北京时间12月25日零时53分，我国在西昌卫星发射中心用长征三号丙运载火箭，成功将通信技术试验卫星三号发射升空，卫星进入预定轨道。这是长征系列运载火箭的第296次飞行。2018年，我国航天发射次数达到38次，年度航天发射次数首次荣登世界第一。

2018年嫦娥四号奔赴月球

北京时间2018年12月8日凌晨2时24分，中国长征三号乙运载火箭在西昌卫星发射中心起飞，把嫦娥四号探测器送入地月转移轨道。承载着中国人探月梦想的

嫦娥四号探测器，踏上了奔赴月球背面的征程。嫦娥四号首次实现人类探测器在月球背面软着陆和巡视勘察，首次实现月球背面与地面站通过中继卫星通信。

2019年我国首次在海上实施运载火箭发射技术试验

2019年6月5日，我国在黄海海域用长征十一号海射运载火箭，将技术试验卫星捕风一号A、B星及五颗商业卫星顺利送入预定轨道，试验取得成功，这是我国首次在海上实施运载火箭发射技术试验，探索了我国海上发射管理模式，验证了海上发射能力，有利于更好地满足不同倾角卫星的发射需求。

2020年长征五号B运载火箭首飞任务圆满完成

2020年5月5日，长征五号B运载火箭搭载新一代载人飞船试验船，在文昌航天发射场点火升空。载荷组合体被送入预定轨道，首飞任务圆满完成，实现空间站阶段飞行任务首战告捷，拉开我国载人航天工程"第三步"任务序幕。这是中国乃至亚洲火箭首次发射超过"两万公斤"的航天器，进一步奠定了"胖五"家族在世界现役火箭第一梯队中的地位。

2020年嫦娥五号实现了"五个首次"

12月17日凌晨1时59分，探月工程嫦娥五号返回器带着1731克月球样品在内蒙古四子王旗预定区域成功着陆，我国首次地外天体采样返回任务圆满完成。嫦娥五号任务可以说是我国航天领域迄今最复杂、难度最大的任务之一，它实现了"五个首次"：一是在地外天体的采样与封装，二是地外天体上的点火起飞、精准入轨，三是月球轨道无人交会对接和样品转移，四是携带月球样品以近第二宇宙速度再入返回，五是建立我国月球样品的存储、分析和研究系统。

2021年天问一号探测器成功着陆火星

5月15日，天问一号探测器成功着陆火星，我国首次火星探测任务着陆火星取得成功。天问一号探测器着陆火星，迈出了我国星际探测征程的重要一步，实现了从地月系到行星际的跨越，在火星上首次留下中国人的印迹，是我国航天事业发展的又一具有里程碑意义的重大科技进展。6月11日，天问一号探测器着陆火星首批科学影像图发布，标志着我国首次火星探测任务圆满完成，也意

味着人类航天器首次实现在一次任务中完成火星环绕、着陆与巡视探测。

2021年中国空间站建造进入全面实施阶段

4月29日，中国空间站首个航天器天和核心舱入轨，标志着中国空间站建造进入全面实施阶段。5月29日，天舟二号货运飞船成功发射，自主快速交会对接于天和核心舱。6月17日，航天员聂海胜、刘伯明、汤洪波乘坐神舟十二号载人飞船升空，成为中国空间站的首批访客。9月17日，中国空间站关键技术验证和建造阶段首批航天员凯旋。9月20日，天舟三号货运飞船升空，与天和核心舱及天舟二号货运飞船组合体交会对接。10月16日，航天员翟志刚、王亚平、叶光富乘坐神舟十三号载人飞船升空，成为中国空间站的第二批访客，开始为期6个月的太空工作生活。

2021年中国女航天员实现首次太空出舱

11月7日，航天员翟志刚、王亚平身着我国新一代"飞天"舱外航天服，先后从天和核心舱节点舱成功出舱。中国首位出舱航天员翟志刚时隔13年后再次进行出舱活动；王亚平成为中国首位进行出舱活动的女航天员，迈出了中国女性舱外太空行走第一步。

2022年中国空间站"T"字基本构型在轨组装完成

2022年是中国载人航天立项30周年，全年载人航天共计实施6次发射，先后将天舟四号货运飞船、神舟十四号载人飞船、问天实验舱、梦天实验舱、天舟五号货运飞船、神舟十五号载人飞船送入太空。11月3日，梦天实验舱顺利完成转位操作，中国空间站"T"字基本构型在轨组装完成。11月30日，神舟十五号与神舟十四号的两个乘组在太空胜利会师，我国首次实现空间站三船三舱构型以及6名航天员同时在轨飞行。

2022年"嫦娥石"等嫦娥五号月壤样品最新研究成果相继发表

2022年9月9日，国家航天局、国家原子能机构联合宣布，来自核地研院的科研团队首次在月球上发现新矿物，并命名为"嫦娥石"。中国科学院地球化学研究所发表的相关研究结果证实，嫦娥五号月壤样品矿物表层中存在大量的太阳风成因水，为月球有水再添证据。嫦娥五号返回器携带1731克月壤样品成功返回

地面之后，共计有四批50余克月壤样品被分发至了100多个科研团队。经过一年多的研究，各团队研究成果陆续发布。

2022年天问一号火星探测团队问鼎"世界航天奖"

第73届国际宇航大会于2022年9月18日至22日在法国巴黎举行。会议期间，国际宇航联合会专门为获得该组织年度最高奖——2022年度"世界航天奖"的中国天问一号火星探测团队举办成果介绍会。国际宇航联合会表示，天问一号火星探测团队为成功探索火星提供了创新性的选择，并为推进深空探测技术做出了杰出贡献。

2023年祝融号数据显示现代火星存在液态水

我国科研人员利用祝融号火星车搭载的导航地形相机、多光谱相机和火星表面成分探测仪，首次发现祝融号着陆区的沙丘表面存在结壳、龟裂、团粒化、多边形脊、带状水痕等表面特征。同时，通过光谱数据分析发现，沙丘表面富含含水硫酸盐、蛋白石、含水铁氧化物等物质成分。该成果推进了在火星低纬度地区液态水地面观测证据的研究，对探索火星气候演化历史等具有重要意义，为未来寻找生命存在提供了关键线索。

2023年嫦娥五号团队荣获"劳伦斯团队奖"

10月1日，在阿塞拜疆巴库举办的第74届国际宇航大会（IAC）期间，国际宇航科学院主席舒马赫等科学家为中国嫦娥五号团队颁发了"劳伦斯团队奖"。嫦娥五号总设计师胡浩等作为团队代表出席颁奖仪式，并宣布嫦娥五号月球科研样品即将面向国际开放申请，欢迎各国科学家共同研究，共享成果。

第六章 /

落月第二步
——鹊桥相会，初窥月背

第七章 /

回地终曲
——带着"特产"回娘家

尾章

以梦为马，畅行月球

中国航天事业大事记

*本书大量图片为早期制作或历史图片，精度有限，万望读者见谅。

下篇　探月

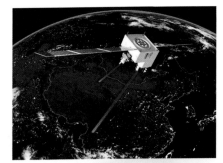

第三章

小小身躯，探索太空

尾　章

前路漫漫，求索不止

目 录

上篇 卫星

图书在版编目（CIP）数据

大国航天 . 卫星·探月 / 中国航天博物馆著 . -- 北
京：中信出版社，2024.3
ISBN 978-7-5217-5186-4

Ⅰ . ①大… Ⅱ . ①中… Ⅲ . ①航天工程－中国－普及
读物 Ⅳ . ① V4-49

中国国家版本馆 CIP 数据核字 (2023) 第 147920 号

大国航天：卫星·探月
著者：　　中国航天博物馆
出版发行：中信出版集团股份有限公司
　　　　　（北京市朝阳区东三环北路 27 号嘉铭中心　邮编 100020）
承印者：　北京尚唐印刷包装有限公司

开本：889mm×1194mm　1/16　　　印张：15.25　　　　字数：280 千字
版次：2024 年 3 月第 1 版　　　　印次：2024 年 3 月第 1 次印刷
书号：ISBN 978-7-5217-5186-4
定价：138.00 元

卫星·探月

中国航天博物馆 著

中信出版集团 | 北京